核电新项目核准前公众沟通整合推进操作手册

中国核能电力股份有限公司　编著

中国原子能出版社

图书在版编目（CIP）数据

核电新项目核准前公众沟通整合推进操作手册 / 中国核能电力股份有限公司编著. --北京：中国原子能出版社，2023.7

ISBN 978-7-5221-2847-4

Ⅰ. ①核… Ⅱ. ①中… Ⅲ. ①核电工业–公共关系–工业企业管理–研究–中国 Ⅳ. ①F426.23

中国国家版本馆 CIP 数据核字（2023）第 137029 号

内 容 简 介

本书立足合规、整合、高效的视角，对照法律法规要求，借鉴成功案例经验，系统介绍了核能新项目前期公共宣传、公众参与、信息公开和舆情应对等公众沟通全过程工作中的方案案例、内容要点和操作流程，以及社会稳定风险分析及评估、环评中的公众参与等关键环节的重点难点和应对措施，为核能行业前期工作者提供公众沟通工作指导并为提升公众沟通的效果和效率提供有益的参考资料，适合向核电从业者、前期项目工作者、公共管理研究者、新项目开发的管理者和政府监管部门代表推荐阅读。

核电新项目核准前公众沟通整合推进操作手册

出版发行　中国原子能出版社（北京市海淀区阜成路 43 号　100048）
责任编辑　王　朋　郭文传
装帧设计　侯怡璇
责任校对　冯莲凤
责任印制　赵　明
印　　刷　北京天恒嘉业印刷有限公司
经　　销　全国新华书店
开　　本　787 mm×1092 mm　1/16
印　　张　11
字　　数　81 千字
版　　次　2023 年 7 月第 1 版　2023 年 7 月第 1 次印刷
书　　号　ISBN 978-7-5221-2847-4　　定　价　38.00 元

网址：http://www.aep.com.cn　　E-mail：atomep123@126.com
发行电话：010-68452845

编委会

目　录

导 言

党的二十大报告指出："中国式现代化是人与自然和谐共生的现代化"，应"加快发展方式绿色转型""积极稳妥推进碳达峰碳中和"。习近平总书记在全国生态环境保护大会上再次强调："全面推进美丽中国建设，加快推进人与自然和谐共生的现代化。"贯彻新发展体念，构建新发展格局，加快新旧动能转换和清洁能源布局已经成为我国能源行业发展和产业结构优化的前进方向。核能作为清洁低碳安全高效的基荷能源，在我国优化能源结构、保障能源安全、实现"双碳"目标的进程中必将扮演更加重要的角色，在保障能源供应、拉动经济增长、带动产业升级、促进降碳减排等方面发挥更大价值。

党的十八大以来，我国核能行业的发展取得了世人瞩目的成绩——装机总量和上网电量持续增长，在运机组运行质量不断提升，先进核能技术的研发和应用不断取得新突破，对关联技术和产业的带动能力显著增强，对能源安全支撑保障作用和环保效能更加明显。党的二十大报告提出“积极安全有序发展核电”的总体部署，为新时期核能行业的高质量发展，更好服务中国特色社会主义现代化建设指明了方向。

以人民为中心始终是我国核能行业发展的根本立场，服务广大公众的根本利益也是我国核能行业的初心使命，我国核能行业实现高质量、可持续发展也同样离不开广大公众的关心、参与和支持。良好的公众沟通是确保核能项目安全和稳定运行的基础，是确保核能项目顺利落地的关键。《中华人民共和国环境保护法》《中华人民共和国信息公开条例》《中华人民共和国核安全法》等法律法规明确了各级政府、有关机构和企业开展核设施信息公开、公众参与工作的责任，高度重视并坚决维护公众对核能发展的知情权、参与权、监督权，为核能行业营造和谐的公共关系提供了法律依据和制度保障。

进入新时期，我国公众文化水平和法制观念不断提升，公众对核能项目建设中充分行使合法权益的意识也进一步增强。随着互联网行业的蓬勃发展，短视频平台、微博等新媒体平台不断壮大，公众获取核能行业信息、发表个人观点、参与相关讨论的时机更加自由化、方式更加多元化、观点建立更加去中心化，形成了新形势下的舆情环境新特征。目前，核能科普工作仍然任重道远，核能行业信息发布、舆情引导机制仍需完善，网络环境信息复杂，公众缺少权威、直观、客观了解核能行业的渠道。近些年来，受日本福岛核事故及后续“排放核废水”等行业负面信息的影响，公众对核能项目高度敏感，容易产生误解并诱发抵触情绪。相关利益冲突方出于阻碍项目建设、境外敌对势力出于破坏我国社会稳定的目的，可能会恶意攻击我国核能行业形象，煽动民众抵制项目建设，甚至产生群体性事件，严重破坏项目发展环境，影响甚至阻断项目进程。

应对公众沟通工作中存在的风险挑战，核能行业应积极、坦诚、务实开展工作。一方面，系统性完善公众沟通体系，多样化开展科普宣传工作，建立可信度高、覆盖面广、内容丰富、发布及时、形式有趣的沟通平台，引导公众主动接触核能，正确认识核能，积极支持核能。另一方面，与相关审评单位、地方政府、同行企业深化协同，加强沟通，推动核能项目核准前公众沟通工作在守法合规的框架下，积极、慎重、稳妥开展，以理性、平稳、健康的舆论环境支持核能项目前期工作进程，以健康的公共关系为项目顺利建成乃至为整个核能行业的健康发展奠定稳定的社会基础。

中国核能电力股份有限公司（以下简称中国核电）是中国核工业集团有限公司核能产业发展的责任主体，始终是讲大局、有担当、负责任的核能运营与建设企业，始终高度重视信息公开与公众沟通工作，并在长期的核能开发实践中积累了丰富的工作经验。为全面总结、提炼、固化、推广先进经验，中国核电与生态环境部核与辐射安全中心、国家能源局中国核电发展中心联合编制了《核电新项目核准前公众沟通整合推进操作手册》（以下简称《手册》），为领域工作贡献重要的文献资源和业务工具。《手册》的编制将进一步提升核能前期相关工作人员的业务能力，推动工作路径的持续优化，保障我国核能行业更加严格落实核能新项目信息公开、公众沟通，以及环境影响评价、社会稳定性风险评估的工作要求，在国家相关部委、机构和地方政府的关怀指导下更高水平开展相关工作，以和谐的公共关系和稳定的舆论环境支撑核能新项目顺利建设，支撑核能行业更好践行新发展理念，服务国家能源体系优化和“双碳”目标，更好地服务地方发展需要。

《手册》以核能新项目前期工作为背景，针对公众沟通中的重点和难点，对照法律法规要求，借鉴成功案例经验，立足持续提升公众沟通的效果和效率，按照科学整合、优势互补、风险互减、简洁实用的总体原则完成编制，为核能行业前期工作领域开展公众沟通工作提供指导依据。

《手册》的编制还得到了中国核能行业协会、生态环境部环境与经济政策研究中心、象山县重大能源项目专班及中国核电各成员单位的大力支持和参与，在此深表感谢。由于时间仓促、编者水平有限，疏漏之处在所难免，欢迎批评指正。如有相关意见或建议，请反馈邮箱 media@cnpp.com.cn。

2023.12.31

第一章　公众沟通工作方案

1.1　公众沟通工作方案概述

为推动核电项目建设单位建立健全公众沟通机制，切实维护公众的知情权、参与权和监督权权益，促进我国核电事业积极安全有序高效发展。遵照生态环境部的相关管理要求，中国核能电力股份有限公司（以下简称“中国核电”）下属的任何项目建设单位应在核电厂址选择阶段，商请项目所在地的地方人民政府制定公众沟通工作方案，并协调项目所在地的县级以上人民政府及有关部门（包括但不限于：政法、宣传、网信、公安、国家安全、工业和信息化、应急管理、信访、生态环境、发展改革、能源、住房和城乡建设、自然资源等，具体以地方人民政府意见为准）共同开展公众沟通工作，公众沟通方案内容应覆盖核电项目的全寿期：选择、建造、运行和退役四个主要阶段；调查范围面向厂址周边一定范围内可能受项目建设、运行直接或间接影响的公众；活动方式主要为公共宣传、公众参与、信息公开和舆情应对等工作。

1.2　工作依据

1.《中华人民共和国环境保护法》（2014 年 4 月 24 日修订）

2.《中华人民共和国信息公开条例》（2019 年 04 月 15 日发布）

3.《中华人民共和国民用核设施安全监督管理条例》（HAF001-1986）

4. 核动力厂环境辐射防护规定（GB 6249—2011）

5.《环境保护部（国家核安全局）核与辐射安全公众沟通工作方案》

6.《核电项目公众沟通工作指南》（试行）

7.《环境影响评价公众参与办法》及配套文件（生态环境部部令第 4 号发布，2019 年 1 月 1 起执行）

1.3 公众沟通工作方案编制发布工作流程

1. 公众沟通工作方案由项目建设单位商项目所在地的市级人民政府共同起草。一般由项目建设单位负责起草公众沟通工作方案（初稿），由市级人民政府核电项目主管部门牵头征求项目所在地政府各相关部门意见。

2. 项目建设单位根据相关各方的意见建议对方案进行修订。方案中相关组织机构的人员构成，涉及市级人民政府各相关部门的，由市级人民政府核电项目主管部门在征求意见建议时一并确定。

3. 公众沟通工作方案经项目所在地市级人民政府审核同意后，报请项目所在地省级人民政府批准。报批途径可视情况采取两种方式：一是项目所在地市级人民政府征得中国核工业集团有限公司（或授权中国核能电力股份有限公司）同意后，直接行文报请项目所在地省级人民政府批准。二是由项目建设单位报送中国核能电力股份有限公司（以下简称中国核电）审核后，由中国核工业集团公司公司（以下简称中核集团）行文报请项目所在地省级人民政府批准。

4. 项目所在地省级人民政府主管部门充分征求各相关单位意见后，对公众沟通工作方案进一步完善。必要时，可召开专题研讨会或专家评审会。方案中相关组织机构的人员构成，涉及省级人民政府各相关部门的，由省级人民政府主管部门在征求意见建议时一并确定。

5. 公众沟通工作方案由项目所在地省级人民政府或其授权主管部门批准发布。

1.4　公众沟通工作方案编制要点

1.4.1　编制与发布

1. 编制时间

核电项目公众沟通工作方案应在厂址纳规并确定设计单位后启动编制工作，在选址阶段“两评”开展前批准发布。

2. 方案框架与主要内容

核电项目公众沟通工作方案主要框架为“1+4”，即：

“1”为方案主体，应明确公众沟通工作的主要内容、沟通范围、工作组织机构与职责、保障措施等内容。

“4”为公共宣传、公众参与、信息公开和舆情应对等4项实施细则。

3. 跨区域

对涉及跨地级行政区实施公众沟通的核电项目，由项目建设单位商请项目所在地的地市级人民政府，协调相关地级市人民政府参与公众沟通工作方案的制定，同时配合开展公众沟通相关工作。必要时，由中核集团商请项目所在地的省级人民政府予以协调。

对涉及跨省级行政区实施公众沟通的核电项目，由中核集团商请项目所在地的省级人民政府协调相关省级人民政府参与公众沟通工作方案的制定，项目建设单位配合开展相关工作。

4. 公众沟通的范围

根据《核电项目公众沟通工作指南（试行）》规定，核电项目公众沟通工作应关注厂址周边一定范围内（通常为厂址半径30公里）可能受到项目建设、运行直接或者间接影响的公众，并重点关注厂址半径5公里范围内的公众。

根据《环境影响评价公众参与办法》(生态环境部4号令)规定，堆芯热功率300兆瓦以上的反应堆设施的建设单位应当听取核设施半径15公里范围内公众、法人和其他组织的意见。

5. 公众沟通工作领导小组

公众沟通工作领导小组由项目所在地省级政法、宣传、网信、公安、国家安全、发展改革、工业和信息化、信访、安全监管、自然资源、生态环境、应急管理、住房城乡建设、通信等部门及所在地市级人民政府、中核集团等单位的相关人员组成，项目所在地省级人民政府副省长担任组长。

主要职责是：

(1)领导、指挥核电项目公众沟通工作；

(2)统筹协调跨地、省级行政区的公众沟通工作；

(3)重点舆情(跨地、省级行政区及港澳台地区、周边国家舆情)和重大群体性事件的指挥协调和信息发布。

6. 执行组

公众沟通执行组由核电项目所在地的市级政法、宣传、网信、公安、国家安全、发展改革、工业和信息化、信访、安全监管、自然资源、生态环境、应急管理、住房城乡建设、通信等部门，核电项目所在地的县级人民政府，项目建设单位的相关人员组成，项目所在地市级人民政府市长担任组长。执行组下设办公室，项目所在地市级人民政府副市长担任办公室主任，其他由相关单位人员组成。

执行组及其办公室的主要职责是：

（1）组织实施核电项目公众沟通工作；

（2）参与并积极协调实施超出项目所在地的地级行政区的公众沟通工作；

（3）舆情应对准备，建立舆情应对的组织和机制，拟定应对口径，建立新闻发布机制等；

（4）实施舆情监测，跟踪舆情进展，及时向领导小组/工作组、生态环境部（国家核安全局）等通报舆情信息及处理进展情况；

（5）负责舆情应对和群体性事件的处理工作。重大舆情和群体性事件要及时报告领导小组/工作组、生态环境部（国家核安全局）等，必要时申请协助和支持。

7. 备案

项目公众沟通工作方案经项目所在地省级人民政府批准发布后，由项目建设单位报生态环境部（国家核安全局）备案。

8. 总结与评估

核电项目厂址选择阶段，项目建设单位应在公众沟通工作开展实施后，将相关的实施情况汇总形成核电项目公众沟通工作总结报告，报核电项目所在地的省级人民政府、中核集团、生态环境部（国家核安全局）。

核电项目公众沟通工作方案和总结报告将作为生态环境部（国家核安全局）批复核电项目选址阶段环境影响报告书和厂址安全分析报告的重要参考。

项目建设单位应从核电项目公众沟通工作方案批准后，协调核电项目所在地的地级市和县级人民政府，每年一次对本年度公众沟通工作的效果进行内部评估，形成评估报告。

1.4.2 公共宣传实施细则

1. 实施单位

核电项目所在地的地级市、县级人民政府和项目建设单位组织实施公共宣传。

2. 宣传形式

实施单位宜采用群众喜闻乐见、形式多样、多种渠道的方式开展公共宣传工作，如举办科普讲座、发放宣传资料、组织参观、组织特色活动、传统媒体宣传（如报纸、杂志、电视、广播等）、新媒体宣传（如微博、论坛、微信等）。

3. 宣传内容

公共宣传的内容一般包括核电科普宣传和项目情况介绍两个方面。

核电科普宣传宜突出核电安全、高效、经济、环保的特性，传播核科学知识，宣扬核安全理念等。

项目情况介绍宜突出核电项目建设的意义和必要性，

核电项目拟采用的技术及安全特点，厂址已有核电机组的现状，项目建设单位的企业文化、社会责任和安全承诺等。

公共宣传的目的是，通过广泛、扎实、有效的核科普宣传提升公众的科学素养，通过深入宣传我国先进的核电技术、高质量的安全管理水平，以及高素质的核从业者队伍增强公众的信心，通过宣传核电及核能综合利用项目的长远和现实意义赢得公众的支持。

4. 宣传频度

在公共宣传实施细则中应明确公共宣传各项内容的实施频次、数量等量化指标。

1.4.3　公众参与实施细则

1. 实施单位

项目建设单位商请核电项目所在地的地级市人民政府组织实施公众参与工作。

2. 参与形式

核电项目应在厂址选择阶段采用问卷调查、座谈会或听证会等形式，公开征求公众意见。结合各项目建设单位良好实践，公众沟通中的公众参与工作可与环评公众参与保持一致，当公众意见质疑较多时，协调召开公众座谈会或者听证会。

3. 参与范围

应重点关注可能受项目建设直接影响或间接影响的公众，包括厂址 30 公里范围内的公众、企事业单位和社会团体等。

4. 问卷调查

开展问卷调查要综合考虑性别、年龄、职业、文化程度等因素，充分征求社会各阶层的意见。

问卷的内容涉及应简单、通俗、明确、易懂，避免涉及可能对公众产生明显诱导的问题。

调查问卷的发放数量应根据核电项目建设的具体情况，综合考虑项目影响的范围和程度、社会关注度、区域人口数量以及其他相关因素确定。对于厂址半径 30 公里范围内涉及跨省、地级行政区的区域，也应综合考虑上述因素发放调查问卷。发放和回收的问卷应具有代表性，回收的有效问卷数量应不少于500份。

5. 地市级人民代表大会常务委员会审议

是否召开地市级人民代表大会常务委员会审议，项目建设单位可向核电项目所在地的地级市人民政府提出建议，由项目所在地地级市人民政府确定。

提请地市级人民代表大会常务委员会审议的材料应包括核电项目及核电项目单位的基本情况、核电项目建设的必要性、核电项目建设和运行的环境影响等，审议内容应包括是否同意建设核电项目及其他需要提请审议的事项。

6. 意见反馈

项目建设单位应通过适当的方式，向提出意见的个人或组织反馈意见处理情况，意见反馈可以考虑电话答复、书面答复、回访座谈以及组织核电厂参观等多种形式。

项目建设单位应在公众参与实施完成后，对公众参与的情况进行分析总结。

1.4.4 信息公开实施细则

1. 实施单位

项目建设单位负责公开项目建设进展情况，并商请核电项目所在地的地级市人民政府公开项目建设信息公告。

2. 公开阶段

实施单位在核电项目厂址选择阶段，并在以下工作完成后进行：公众沟通工作方案得到批准；公共宣传各项内容实施开展；厂址选择阶段公众参与完成；舆情应对组织体系有效建立。

实施单位从核电项目厂址选择、建造和运行等各阶段公开项目建设进展情况，相关信息应及时更新。

3. 公开内容

核电项目建设信息公告包括以下内容：

（1）核电项目基本情况；

（2）核电项目已完成的公众参与和信息公开情况；

（3）核电项目所在地的地级市人民政府拟同意核电

项目的决议和公众反馈意见的渠道和时间等；

（4）公众反馈意见的渠道。

项目建设进展情况包括以下内容：

（1）核电项目基本情况；

（2）项目建设单位基本信息、安全承诺等情况；

（3）核电项目厂址选择阶段批复支持性问卷的审查或取得情况，包括土地利用、资源保护、安全分析、环境保护等；

（4）核电项目已有核电机组建造和运行等各个阶段的情况；

（5）公众反馈意见的渠道。

4. 公开载体

核电项目建设信息公告的公开载体为核电项目所在地的地级市人民政府网站及当地的公众媒体。

项目建设进展情况的公开载体为项目建设单位网站。

5. 公告期限

核电项目建设信息的公告期限不少于 15 个工作日。项目建设进展情况长期公开。

1.4.5 舆情应对实施细则

1. 实施单位

核电项目舆情应对在公众沟通领导小组的领导下，由核电项目所在地的县级以上地方各级人民政府及有关部门，核电集团及项目建设单位共同参与实施。

2. 舆情监测

核电集团及项目建设单位协调核电项目所在省、地级市委宣传部门，省级和地级市人民政府及公安、工业和信息化、生态环境等部门，充分调动资源，建立舆情监测队伍，通过新闻网站、论坛、博客、微博等信息渠道进行舆情监测、分析和研判，密切跟踪舆情的发展。针对持异议的人群、利益集团、组织应予以重点关注。

项目建设单位开展舆情监测与应对工作，应在项目所在地市级宣传、网信部门的指导下进行，积极沟通、报告，建立联动机制，充分发挥宣传、网信部门的主导作用。

舆情应对有关单位和部门应在项目建设信息公告期，以及核电项目环境影响评价受理、拟批复、批复等公众公告期，加强舆情监测。

3. 舆情通报

领导小组、执行组和执行组办公室分别指定一名舆情联络员，负责领导小组、执行组和执行组办公室的内部联络工作。

舆情监测过程中发现的负面舆情，有关单位和部门应在发现舆情后的1小时内将舆情分别通报至领导小组、执行组和执行组办公室的舆情联络员。

实施单位在核电项目建设信息公告期间应建立每日舆情报告工作制度，及时向领导小组/工作组和执行组报告舆情动态。

重要舆情和群体性事件要及时通报生态环境部（国家核安全局）等有关部门。

4. 舆情处置与应对原则

核电项目公众沟通的舆情应对要纳入核电项目所在省级和地级市人民政府的舆情处置及应对体系中，建立有效的组织机构，做好舆情应对准备，并针对不同诉求的公众采取针对性的处置和应对措施。舆情应对还应考虑跨区域的舆情应对措施。

1.4.6 跨省公众沟通细则编制（跨省核电项目）

1. 协调机构

健全跨省公众沟通工作机制，成立以两省政府副秘书长为组长的跨省协调组，两省能源主管部门承担跨省协调组办公室职责。

2. 工作职责

跨省协调组负责组织跨省公众沟通工作的实施，指导和协调项目的跨省公众沟通工作，以及开展两省间的舆情通报、内部联络和舆情管控协调工作。重大舆情和群体性事件需及时报告领导小组。

在跨省协调组领导下，由两省能源、核安全、宣传等主管部门牵头、相关单位参与，在开展公众沟通工作期间，以联席会议制度、定期或不定期沟通、往来函件等形式，加强有关工作衔接，通畅信息通报、共享渠道，解决跨省沟通相关问题，协同开展公共宣传、舆情应对等工作。

3. 工作内容

（1）公共宣传

由两市人民政府组织，项目建设单位配合实施。成立以两市副市长为组长的公共宣传工作小组，具体负责公共宣传工作。该阶段满足核准阶段公众参与说明、公众沟通工作总结输入即可。后续要持续深入开展公共宣传工作。

（2）公众参与

由两县政府、项目建设单位具体实施，通过发放回收调查问卷等形式征求公众意见，征询意见范围为厂址半径30公里范围，重点关注厂址半径5公里范围。公众意见较多时，视情况召开公众座谈会或专家论证会。邀请跨省公众代表参加公众座谈会。

（3）信息公开

采取公众易于知悉、便于获取的网络平台公开项目信息，征求公众意见。

在选址阶段发布项目基本信息公告、建设信息公告、建设进展情况公告以及环境影响评价相关信息公告等。

项目建设单位在信息公开前，将公众沟通、环境影响评价信息公开计划报送跨省协调组办公室。

（4）舆情应对

在跨省协调组领导下，由跨市人民政府组织成立舆情管控和维稳工作小组，负责开展舆情应对和维稳工作。

1.5 公众沟通工作方案内容案例

详见附件一。

1.6 公众沟通工作总结要点

详见附件二。

第二章　环评中的公众参与

2.1　环评中的公众参与概述

根据国家相关法律规定，核电作为大型固定资产投资项目，项目建设单位应当在项目选址阶段对项目建设本身可能造成的环境影响进行分析评估并制定改进措施，编制项目环境影响报告书（简称“环评”）。

同时，根据国家相关法规规定，为了保障公众环境保护知情权、参与权、表达权和监督权，在环评报告的编制过程中，应当通过发布信息公告、开展公共宣传、组织问卷调查、举办公众座谈会或专家听证会等方式，充分征求有关单位、专家和公众的意见，即项目公众参与工作，最终编制形成公众参与说明，作为环评的重要部分与环评一同报送生态环境部审批，环评审批是核准核电项目的重要条件之一，而项目环评公众参与工作则是审批环评的重要参考依据。

2.2 工作依据

1.《中华人民共和国环境保护法》(2014 年 4 月 24 日修订)

2.《中华人民共和国环境影响评价法》(2018 年 12 月 29 日修正)

3.《环境影响评价公众参与办法》(2018 年 7 月 16 日公布)

4.《核电项目公众沟通工作指南》(试行)

2.3 环评中的公众参与工作的实施

2.3.1 信息公告

1. 发布第一号信息公告

(1) 发布时间:根据法规规定,项目建设单位应当在确定环境影响报告书编制单位后 7 个工作日内发布信息公告，但未明确发布截止时间，项目建设单位可根据当地政府意见，酌情处理公示时间，建议公示时间为5个工作日。

（2）公示平台：根据法规规定，信息公告可通过项目建设单位外部网站、项目所在地公共媒体网站或者建设项目所在地相关政府网站进行公示。

参考各项目建设单位良好实践经验，考虑到地方媒体网站受众面较广可能增加不稳定因素等问题，除项目建设单位外部网站外，建议选择核电项目所在地的县政府网站或地方生态环境部门网站进行公示。

（3）公示内容：

建设项目名称、选址选线、建设内容等基本情况；

建设单位名称和联系方式；

环境影响报告书编制单位的名称；

公众意见表的网络链接；

提交公众意见表的方式和途径。

公示模板案例详见附件三。

2. 发布第二号信息公告

（1）发布时间：核电项目环境影响报告书征求意见稿

形成后发布信息公告，并且持续公开期限不得少于 10 个工作日。

（2）公示平台：

通过项目建设单位外部网站、地方公共媒体网站或者地方相关政府网站公开；

通过项目所在地公众易于接触的报纸公开，且在征求意见的 10 个工作日内公开信息不得少于 2 次；

通过在核电项目所在地公众易于知悉的场所张贴公告的方式公开。

区别于网络平台公开的灵活性，报纸平台公开无法控制受众范围，应考虑受众群体、发布日期、报纸版面以及位置大小等因素，降低报纸公开后可能造成的负面风险。建议选择地方主流媒体平台，发布时间建议选择周一或周五，两次发布时间建议集中，报纸版面建议选择第 4-5 版。

（3）公示内容：

环境影响报告书征求意见稿全文的网络链接及查阅纸质报告书的方式和途径；

征求意见的公众范围；

公众意见表的网络链接；

公众提出意见的方式和途径；

公众提出意见的起止时间。

公示模板案例详见附件四。

3. 发布第三号信息公告

（1）发布时间：根据法规规定，项目建设单位应在向生态环境部报批环境影响报告书前，发布第三号信息公告，各项目建设单位可根据当地政府意见，酌情处理公示时间，建议公示时间为5个工作日。

（2）公示平台：通过项目建设单位外部网站、地方公共媒体网站或者地方相关政府网站公开。

（3）公示内容：公开拟报批的环境影响报告书全文和公众参与说明，考虑法规中未明确需要收集公众意见的要求，建议第三号信息公告只作公示，不再收集公众意见。

公示模板案例详见附件五。

2.3.2　问卷调查

《环境影响评价公众参与办法》中未明确提出通过线下问卷的方式对核电项目环境影响等情况进行调查，具体要求来源于《核电项目前期公众沟通指南》中“公众参与”章节的相关内容，考虑到核电新项目前期工作中的相关社会风险，建议在环评公众参与阶段只开展一次线下调查工作，稳评调查工作可与公众参与问卷调查工作共同开展，避免增加社会稳定风险。

1. 参加范围：厂址半径30公里范围内的公众、企事业单位和社会团体等，综合考虑项目影响范围和社会关注度、区域人口数量及其他因素，结合《环境影响评价公众参与办法》第三十二条规定的相关要求，重点收集核电项目周边15公里范围的公众、企事业单位和社会团体意见。

2. 问卷数量：回收有效的问卷数量不少于500份。

3. 问卷设计：围绕项目建设情况、项目建设意义、项目建设的良好效益（包括：经济效益、环境效益、社会效益）、项目建设影响等方面的了解程度进行调查。

4. 开展形式：以“全国科普日”“全国科技活动周”“六五环境日”等全国性重大科普活动为载体，地方科协为主导，组织开展核电科普宣传活动配合问卷调查工作，通过“请进来”参观已建核电基地，亲身感受项目建设对于地方发展的积极作用；“走出去”组织专业科普讲解队伍，进行入户一对一调查，现场解答疑问。

5. 问卷分析：应综合考虑性别、年龄、职业、文化程度等因素对回收的有效问卷进行分类分析，对于公众反馈的意见要进行梳理分析，公众意见不包括项目建设导致的征地拆迁与补偿问题。

6. 编制报告：项目建设单位向生态环境主管部门报批环境影响报告书前，应当组织编写建设项目环境影响评价公众参与说明。

公众参与说明应包括：

公众参与的过程、范围和内容；

公众意见收集整理和归纳分析情况；

公众意见采纳情况，或者未采纳情况、理由及向公众反馈的情况等。

公众参与说明编制的具体内容要求，以生态环境部要求为准。

2.3.3　公众座谈会（听证会）或专家论证会

根据法规规定，当公众意见质疑较多，并且公众质疑意见主要集中在环境影响预测结论、环境保护措施或者环境风险防范措施等方面，项目建设单位可以根据实际需要，请求县级以上地方人民政府加强对公众参与的协调指导，协调召开公众座谈会或者听证会。考虑到核电项目前期工作计划紧张等因素，公众座谈会（听证会）或专家论证会，非必要不召开，具体以各地方政府意见为准。

1. 召开公众座谈会或听证会

参加群体：座谈会或者听证会应当邀请在环境方面可能受建设项目影响的公众代表参加。

2. 召开专家论证会

（1）当公众意见质疑较多，并且公众质疑性意见主要集中在环境影响评价相关专业技术方法、导则、理论等方面，项目建设单位可以根据实际需要，请求县级以上地方人民政府加强对公众参与的协调指导，协调召开专家论证会。

（2）参加群体：专家论证会应当邀请相关领域专家参加，并邀请在环境方面可能受建设项目影响的公众代表列席。

（3）会议准备：应当在会议召开的 10 个工作日前，

将会议的时间、地点、主题和可以报名的公众范围、报名办法，通过网络平台和在建设项目所在地公众易于知悉的场所张贴公告等方式向社会公告；在会议召开的5个工作日前通知拟邀请的相关专家，并书面通知被选定的代表。

（4）会后整理：项目建设单位应当在公众座谈会、专家论证会结束后5个工作日内，根据现场记录，整理座谈会纪要或者专家论证结论，并通过网络平台向社会公开座谈会纪要或者专家论证结论。

2.3.4 舆情管控工作

项目选址阶段环评中的公众参与工作是核电项目核准前首次在项目所在地正式公开收集公众意见的社会调查工作，地方公众对核电项目的接受程度、利益相关方的利益诉求都可能对核电项目的前期推进工作造成不同程度的影响，项目建设单位应建议由地方政府建立舆情应对和突发事件应对机制。

1. 舆情应对

（1）建议由市委宣传部负责统筹指导、组织协调相关舆情监测、研判处置工作。

（2）建议市委网信办、市公安局、市国家安全局等单位负责针对环评中的公众参与工作开展专项监测，摸排重点人群，及时研判项目相关舆情，发现负面舆情及时协调处置，对造谣、传谣等违法行为，坚决查处。

（3）建议项目所在地县政府负责属地有关舆情的线下处置。

（4）项目建设单位制定针对性的应对措施，做好舆情风险源的识别梳理、应对口径的编制，利用自有平台开展专项舆情监测，安排专人作为舆情联络员及时向市委宣传部、市委网信办报告，并配合处置。

2. 突发事件应对

（1）建议市、县、村镇等相关政府部门形成三级预警机制，适时开展下乡走访工作，对可能发生的群体性事件信息，及时干预处置。

（2）如发生群体性事件，建议地方政法委、公安局等单位按照有关应对预案的规定和流程，及时进行处置和上报。

（3）项目建设单位负责协助市委政法委、市公安局等有关单位，妥善做好事件处置与善后工作。

2.3.5 环评中的公众参与注意事项及重点难点

1. 环评中的公众参与工作以《环境影响评价公众参与办法》为工作基础，具体工作开展要求可结合《核电项目公众沟通工作指南》中“公众参与”章节的相关内容。

2. 公众参与工作是核电项目公众沟通工作的重要工作内容之一，项目建设单位应商请核电项目所在地的地级市人民政府牵头组织公众参与工作，项目建设单位具体实施；

3. 新厂址核电项目公众参与工作应充分考虑线上舆情风险和线下维稳风险等因素，按照“稳妥有序最小化”原则开展工作，实施“精准宣传”的方式，以科普宣传为主、项目宣传为辅，针对可能出现的负面舆情风险形成工作预案。

2.4 公众参与说明的编制案例

详见附件六。

第三章 社会稳定风险分析及评估

3.1 社会稳定风险分析及评估概述

核电作为大型固定资产投资项目，在项目取得国家能源局的“路条”后，项目建设单位在组织编制项目可行性研究报告、项目申请报告时，应当同时进行社会稳定风险分析，并作为项目可行性研究报告、项目申请报告中的独立篇章。社会稳定风险分析编制应从拟建项目直接关系人民群众切身利益且涉及面广、容易引发的社会稳定问题出发，在合法性、合理性、可行性和可控性等方面进行重点分析，做到客观公正、方法适用、分析全面、措施可行、结论可信，确保取得实效。在编制《社会稳定风险分析报告》专题前，需要开展社会稳定风险专项问卷调查工作。凡项目涉及的利益相关者，均应纳入调查问卷的范围，重点是 5 公里范围内，必要时可扩大到 30 公里，调查问卷回收数量建议不少于 500 份。调查人员要充分听取、全面收集群众和各利益相关者的意见，包括合理和不合理、现实和潜在的诉求等。拟建项目社会稳定风险分析报告结论应包括拟建项目主要的风险因素；主要的风险防范、化解措施；拟建项目风险等级（包括初始风险等级和落实相关措施后的预期风险等级），风险等级分为低、中、高，原则需为低风险。

《社会稳定风险分析报告》可委托第三方或项目建设单位撰写。在完成《社会稳定风险分析报告》编写后，需要由项目所在地人民政府或其有关部门指定的评估主体，组织专业人员对项目单位做出的《社会稳定风险分析报告》开展评估论证；根据实际情况可以采取公示、问卷调查、实地走访和召开座谈会、听证会等多种方式听取各方面意见，分析判断并确定风险等级，再提出《社会稳定风险评估报告》。评估报告的主要内容为项目建设实施的合法性、合理性、可行性、可控性，可能引发的社会稳定风险，各方面意见及其采纳情况，风险评估结论和对策建议，风险防范和化解措施以及应急处置预案等内容。然后由项目所在地人民政府或其有关部门对《社会稳定风险评估报告》进行批复，此批复文件即是项目可研阶段和项目核准时的重要支持性文件。

3.2 工作依据

1.《国家发展改革委重大固定资产投资项目社会稳定风险分析篇章和评估报告编制大纲》(发改办投资〔2013〕428号)

2.《国家发改委重大固定资产投资项目社会稳定风险评估暂行办法》(发改投资〔2012〕2492号)

3. 核电站项目核准(核报国务院)办事指南

4.《中华人民共和国核安全法》(中华人民共和国主席令〔2017〕第73号)

5.《中华人民共和国环境保护法》(2014年4月24日修订)

6.《中华人民共和国海洋环境保护法》(2017年11月4日修正)

7.《中华人民共和国环境影响评价法》(2018年12月29日修正)

8.《中华人民共和国节约能源法》(2018年10月26

日修正）

9.《中华人民共和国安全生产法》（2021 年 6 月 10 日修正）

10.《中华人民共和国水污染防治法》（2017 年 6 月 27 日修正）

11.《中华人民共和国大气污染防治法》（2018 年 10 月 26 日修正）

12.《中华人民共和国放射性污染防治法》（2003 年 6 月 28 日通过）

13.《中华人民共和国固体废物污染环境防治法》（2020 年 4 月 29 日修订）

14.《中华人民共和国环境噪声污染防治法》（2018 年 12 月 29 日修正）

15.《中华人民共和国清洁生产促进法》（2012 年 2 月 29 日修正）

16.《中华人民共和国职业病防治法》（2018 年 12 月 29 日修正）

17.《中华人民共和国水法》（2016 年 7 月 2 日修订）

18.《中华人民共和国防洪法》（2016 年 7 月 2 日修正）

19.《中华人民共和国防治海岸工程建设项目污染损害海洋环境管理条例》（2018 年 3 月 19 日修订）

20.《放射性废物安全管理条例》（2011 年 12 月 20 日公布）

21.《民用核安全设备监督管理条例》（2007 年 7 月 11 日发布）

22.《中华人民共和国民用核设施安全监督管理条例》（HAF001-1986）

23.《中华人民共和国核材料管制条例》（HAF501-1987）

24.《核电厂厂址选择安全规定》（HAF101-1991）

25.《核动力厂设计安全规定》（HAF102-2016）

26.《核动力厂运行安全规定》（HAF103-2004）

27.《中华人民共和国核材料管制条例实施细则》（HAF501/01-1990）

3.3 社会稳定风险分析流程及主要内容

依据《国家发展改革委重大固定资产投资项目社会稳

定风险分析篇章和评估报告编制大纲（试行）》（发改办投资〔2013〕428号）、《国家发改委重大固定资产投资项目社会稳定风险评估暂行办法》（发改投资〔2012〕2492号）、《核电站项目核准（报国务院）办事指南》，稳评工作包括编制社稳风险分析报告、评估论证社稳风险分析报告、编制社稳风险评估报告、批复社稳风险评估报告及上报备案等五个主要流程。在向国家发改委报送项目可行性研究报告、项目申请报告的申报文件中，应当包含社稳风险评估报告批复意见，并附《社会稳定风险评估报告》。

3.3.1 工作实施方案及信息平台备案

项目单位应编制工作实施方案，明确各环节风险调查方式、完成时间、实施主体和注意事项。如项目所在地方政法部门设置信息平台，应通过平台开展备案工作。

3.3.2 稳评公示

根据相关文件要求，公示作为风险调查方式之一，主要目的是让项目所在地公众知晓核电项目具体概况，非必要的调查方式方法。

参照部分核电项目已开展社会稳定风险评价工作经验，社稳公示可采用项目环境影响评价第一次公示结果，作为开展了稳评公示工作依据，也可另行公示，公示内容参考附件七。

3.3.3 稳评调查问卷

根据相关文件要求，问卷调查是较为重要的征求公众意见的方式。

3.3.3.1 问卷调查内容

调查内容：风险调查应根据拟建项目的实际，结合建设方案，运用适当的方法，深入开展风险调查。

1. 拟建项目的合法性。

2. 拟建项目所在地周边的自然环境现状和社会环境状况，以及项目实施可能对当地经济社会的影响。

3. 利益相关者(包括受拟建项目建设和运行影响的公民、法人和其它社会组织）对拟建项目建设实施的意见和诉求。

4. 拟建项目所在地政府及其有关部门、基层政府和基层组织、社会团体的态度。

5. 媒体对拟建项目建设实施的态度。

3.3.3.2　调查范围

凡项目涉及利益相关者切身利益、容易引发社会稳定风险的因素，都应纳入调查范围，应当涵盖拟建项目建设和运行可能产生负面影响的范围；建议调查范围以项目为中心，重点是5公里范围内，必要时可扩大到30公里。

3.3.3.3　问卷数量及设置要求

根据社会稳定风险评价《通知》相关要求，未针对问卷调查数量明确要求，借鉴环境影响评价相关要求，大于30万千瓦功率的核设施，建议调查问卷数量不低于500份。调查问卷设置中，问卷答案选项尽可能多设置中间选项，切忌只设置“是”“不是”，“支持”“不支持”简单选项。对于在公众态度相对模糊或公众沟通工作基础不稳固情况下开展问卷调查，多选项问卷利于降低颠覆性调查结果出现的可能性。问卷编制示例参考附件八。

3.3.4 稳评座谈会议

座谈会是为增进地方公众对申报项目的了解和认知，深入探讨、了解、收集公众对申报项目建设态度，获得公众意见和建议的重要调查方式，能够起到广泛调查、充分收集各方意见和诉求的作用，有效补充完善风险调查内容。

座谈会应当由地方政府和项目建设单位作为主体组织召开，会议时间要求提前 5 个工作日告知参会人员。凡项目涉及切身利益、容易引发社会稳定风险因素的人员，都应纳入调查范围邀请参会，参会人员建议邀请相关专家 3 人，公众代表涵盖项目厂址周边农民、工人、企业家、公务员、教师、学生、自由职业等，与会公众不少于 30 人。座谈会内容包括建设项目情况介绍、社会稳定风险调查情况、公众代表疑虑问题陈述、公众疑虑问题解答和风险点分析及解决方案等环节内容。稳评座谈会可参考公众参与座谈会召开，参考方案详见附件八，座谈会主要流程见下图。

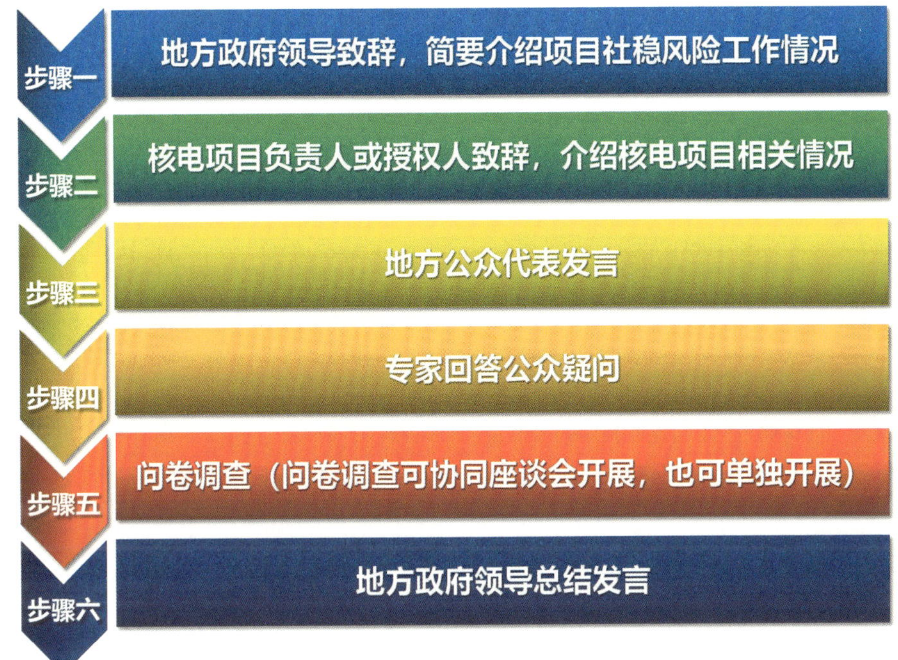

图 1　座谈会工作流程图

3.3.5　信息平台上传原始资料（以地方性法规要求为准）

如项目所在地方政法部门要求通过信息平台报送社稳风险分析原始资料，项目建设单位应按照报送要求，整理稳评公示记录、调查问卷数据、座谈会纪要等相关资料，上传信息平台供政法部门审核。如项目所在地方政法部门要求线下查阅、审核相关文件资料，项目建设单位则按要求备全相应材料备查。

3.3.6 政法部门电话核实（以地方性法规要求为准）

项目社稳风险分析资料报送地方政法部门后，政法部门将通过电话、走访、查阅文件等方式对项目社稳分析资料进行核实。项目建设单位在开展稳评公示、问卷调查和座谈会工作期间，相关问卷、座谈会纪要中需留存问卷调查、座谈会参会人员或政府主办部门联系方式，并同相关方做好沟通，以备政法部门核查。

3.3.7 报审版报告编制及初审

《社会稳定风险评估报告》主要包括三个章节内容：1）项目基本情况，分为项目概况、评估依据、评估主体、评估过程和方法等；2）评估内容，分为风险调查评估及各方意见采纳情况、风险识别的评估、风险估计的评估、风险防范和化解措施的评估、落实措施后的风险等级确定等节；3）评估结论，分为拟建项目存在的主要风险因素，拟建项目合法性、合理性、可行性、可控性评估结论，拟建项目的风险等级，拟建项目主要风险防范、化解措施，应急预案，结论和建议等节。

3.3.8　信息平台上传报审版报告

《社会稳定风险评估报告》准备相应资料并上传信息平台，准备资料包括：项目前期报告文本，包括项目建议书、可行性研究报告、项目申请报告、环境影响评价报告等已完成的前期报告；项目规划设计方案，及用地红线图、总平面图等有关图件；项目规划设计方案，及用地红线图、总平面图等有关图件；项目征地拆迁相关文件及情况说明，包括土地房屋征收文件、项目征地补偿方案、土地青苗征收补偿合同、项目拆迁安置方案、房屋征收补偿合同扫描件等。

3.3.9　信息平台申请评审会及确定专家

社会稳定风险评估报告编制完成后，项目建设单位应及时报送维稳办进行审查并决定项目是否需要评审。一般各地方都建有由政法、发展改革、国土规划、城乡建设、环保等职能部门负责人及有关专家学者组成的专家库，如需评审，则由维稳办组织邀请专家库成员共同对报告进行评审。重大项目还需报送县级党委和政府上会决策。

3.3.10 召开报告评审会

通过评审后，项目建设单位应当报送维稳办进行备案并出具批复意见，作为发展改革委审批、核准项目的重要依据。

3.3.11 备案版报告初审

核电项目作为重大项目，应当报送上级维稳部门备案。

3.3.12 信息平台上传备案版报告

《社会稳定风险评估报告》在完成审批备案后，上传信息平台进行备案。

3.4 社会稳定风险分析注意事项、重点难点和应对措施

3.4.1 注意事项及重点难点

1. 如何提升社会公众对核电的了解。当前，我国正处于经济与社会转型时期，利益诉求日趋多元化，社会稳定风险的来源是多方面的：历史的因素和现实的因素，人为

的因素和政策、法律因素往往相互交织在一起。社会公众对核电尚未做到普遍接受，风险点既有群众的利益诉求过高，也有因宣传不够到位引发公众对安全问题的忧虑。

2. 如何提升社会组织与第三方评估的公正性和代表性。目前，核电项目的社会组织与第三方评估组织参与评估的公众存在不同的参与主体，其利益存在较大的差异，利益需求也有所不同。在许多政策制定过程中的公众参与往往是个人参与，没有形成组织参与，这种势单力薄的个人参与，其意见难以发挥普遍代表性的作用。

3. 如何正确评估公众的态度和反应。这需要进行充分的调查研究和数据分析，以便了解公众的意见、顾虑和期望，并提出合理的解决方案和应对措施。

4. 如何平衡各方利益和关注点。核电项目涉及多方利益相关者，如政府、企业、居民等，各方对项目的关注点和利益诉求不尽相同，因此需要通过多方沟通和协商，找到最优的解决方案。

5. 如何有效地应对风险事件的发生和处理。一旦出现风险事件，需要及时采取有效的措施进行处理，避免其对社会稳定造成不利影响。这需要建立完善的应急预案和危机管理机制，以便在紧急情况下快速反应和应对。

3.4.2 对策措施

1. 在涉及项目利益相关者范围内加强核电科普宣传的广度和深度。应将核电科普宣传作为一项长期持续的过程，当地政府相关部门和项目单位既要开展面上的各种宣传方式，也要组织宣传人员深入机关、事业、社区等地召开座谈会，回应各类人员对核电安全等各种问题的关切。此外，组织各层面公众代表赴核电基地现场参观是较为有效的宣传方式，在以往的经验中，凡是到核电基地现场实地参观过的公众，都对核电的安全、高效和清洁的特点有了全新的认识。

2. 加强法律法规收集及资料整理，依法开展稳定评估工作。对国家、地方、行业相关的法律、法规、政策文件、项目的“设计方案”及既有各项审批文件、会议纪要等资料进行收集，在此基础上进行系统的分析、整理和统计，对建设项目的现状情况、建设意义、经济效益、社会效益、环境影响、技术标准及施工可行性进行分析论证，并对项目合法性、合理性、可行性、可控性进行综合分析。

3. 加强实地踏勘及公众参与。稳评人员应到项目所在地以及项目选址周边进行现场走访，了解项目相关的工程进展、工作内容等情况，收集相关单位对本项目在社会稳定方面给予的意见与建议。同时走访调研周边居民，并对建设项目进行了实地踏勘，对工程项目有较为直观的认识。对核电项目前期准备期、建设实施期、运营期几个阶段项目存在的风险进行识别，确定潜在各项风险等级，综合分析评估重大事项实施的综合社会稳定风险，提出针对性的防范措施与建议。

4. 加强培训，提升“稳评”技能和质量。高质量的“稳评”结果是确保企业科学决策的前提，而“稳评”工作不仅仅是评估者态度问题和评估程序问题，更是专业知识，评估技能和经验的积累。加强“稳评”工作小组和参与人员的业务培训，使其更加了解和掌握相关“稳评”的业务知识和评估方法，提升“稳评”技能，切实提高“稳评”质量。

5. 需要建立完善的风险管理机制和应急预案，预判可能出现的风险情况和可能带来的影响，制定相应的应对策略，及时采取措施降低风险，并做好应急响应工作，避免风险对社会稳定造成不利影响。

附件一　某核电项目公众沟通工作方案

一、工作内容

根据生态环境部（国家核安全局）关于核电项目公众沟通工作的相关具体要求，某核电公众沟通工作重点关注厂址半径 30 公里范围内可能受项目建设、运行直接或间接影响的公众、企事业单位和社会团体等，特别是厂址半径 5 公里范围内公众。

（一）公共宣传

根据某核电推进实际情况，公共宣传工作对象将以社会公众为主，由某市人民政府、某县人民政府和项目建设单位联合实施，采用群众通俗易懂、喜闻乐见、形式多样的方式，主要在某市主城区、某县城及厂址周边地区（30 公里范围内）开展核电科普宣传和项目情况介绍等工作。

核电科普宣传重点突出核电安全、高效、经济、清洁的特性及世界核电发展状况和我国核电建设、运行、安全监管情况等。

项目情况介绍重点突出某核电建设的意义和必要性及工程拟采用的第三代核电技术和安全特点，项目建设单位的企业文化、社会责任和安全承诺等。

（二）公众参与

在以某核电厂址为中心的 30 公里范围内开展某核电公众参与工作，通过公告、调查问卷、座谈会、人民代表大会常务委员会审议等方式了解公众对某核电的意见和接受程度，并通过适当的方式，向提出意见的个人或组织反馈意见受理情况。

（三）信息公开

某市人民政府将负责在政府网站发布项目建设信息公告，项目建设单位将负责在公司网站发布项目建设进展情况，主要向社会公众公告项目建设基本情况、项目建设单位基本情况、项目已完成的公众参与和信息公开情况、项目取得的国家和省、市政府关于项目开展前期工作的支持性文件情况等内容，以便让公众充分了解项目情况。同时，广泛收集各方意见，并设置专业人员对公众提出的问题进行答复，正确引导公众客观认知核电安全，为项目获得批复提供支持。

（四）舆情应对及维稳处置

某核电的舆情应对工作在某核电公众沟通领导小组的领导下，由某省人民政府、某市人民政府、某县人民政府及相关部门会同中核集团和项目建设单位共同参与实施。

参与实施单位建立舆情监测队伍，通过信息渠道进行舆情监测、分析和研判，密切跟踪舆情的发展趋势。在舆情监测过程中发现的负面舆情，有关单位和部门应在发现舆情后的规定时间内进行研判并将舆情通报舆情联络员。

某核电舆情应对工作纳入某省、某市、某县舆情处置及应对体系中，建立有效组织机构，积极做好舆情应对准备，并针对不同诉求的人群，采取有针对性的处置和应对措施。同时，建立舆情报告工作制度，及时报告舆情动态，如发现重大舆情或群体性事件，及时通报生态环境部（国家核安全局）等有关部门。

（五）总结和评估

在公众沟通工作开展实施后，项目建设单位将相关的实施情况汇总形成某核电公众沟通工作总结报告，并上报某省人民政府、中国核工业集团有限公司、生态环境部（国家核安全局）。

项目建设单位自本方案批准后，每年一次对本年度公众沟通工作的效果进行内部评估，形成评估报告，不断改进公众沟通工作。

二、组织机构

为确保本方案有效实施，保障某核电前期准备工作的顺利开展，成立相关组织机构。

（一）领导小组

领导小组主要负责领导、指挥某核电公众沟通工作，统筹协调跨省、市的公众沟通工作，做好对重大舆情和重大群体事件的指挥协调和信息发布工作。

组　长：****　　某省委常委、常务副省长

副组长：****　　某市委副书记、市长

**** 某省政府副秘书长

**** 某省发展改革委主任

**** 中国核工业集团有限公司副总经理

成　员：**** 某省委宣传部

**** 某省委政法委

**** 某省委网信办

**** 某省信访局

**** 某省经信厅

**** 某省公安厅

**** 某省自然资源厅

**** 某省生态环境厅

**** 某省建设厅

**** 某省应急管理厅

**** 某省能源局

**** 某省科协

**** 某省国家安全厅

**** 某省能源监管办

**** 某市委常委、常务副市长

**** 某县委书记

****　　项目建设单位董事长

（二）执行组

执行组主要负责组织实施公众沟通工作；负责舆情应对准备，建立舆情应对的组织和机制，拟定应对口径，建立新闻发布机制；负责舆情监测，跟踪舆情进展，及时向领导小组和生态环境部（国家核安全局）通报舆情信息及处理进展；负责舆情应对和群体事件处理工作，重大舆情和群体事件需及时报告领导小组和生态环境部（国家核安全局），必要时申请协助支持。

组　长：**** 　　某市委副书记、市长

副组长：**** 　　某市委副书记、政法委书记

**** 　　某市委常委、常务副市长

**** 　　某市委常委、宣传部部长

**** 　　某市副市长、公安局局长

成　员：**** 　　某市政府秘书长

**** 　　某市委副秘书长、办公厅主任

**** 　　某市政府副秘书长

**** 　　某市发展和改革委主任

****　　某市能源局局长

****　　某县委副书记、县长

****　　项目建设单位董事长

（三）执行组办公室

在执行组的领导下，执行组办公室具体负责公众沟通工作。

主　　任：****　　某市委常委、常务副市长

常务副主任：****　　某市委常委、宣传部部长

****　　某市副市长、公安局局长

副 主 任：****　　某市政府副秘书长

****　　某市发展和改革委主任

****　　某县委副书记、县长

****　　项目建设单位董事长

成　　员：****　　某市委宣传部常务副部长

****　　某市委政法委常务副书记

****　　某市委宣传部副部长、网信办主任

****　　某市信访局局长

**** 　　某市经信局局长

**** 　　某市科技局局长

**** 　　某市公安局副局长

**** 　　某市国家安全局局长

**** 　　某市自然资源和规划局局长

**** 　　某市生态环境局局长

**** 　　某市住房和城乡建设局局长

**** 　　某市应急管理局局长

**** 　　某市能源局局长

**** 　　某市科协主席

**** 　　某县委副书记、政法委书记

**** 　　某县委常委、常务副县长

**** 　　某县委常委、宣传部部长

**** 　　某县副县长、公安局局长

**** 　　项目建设单位总经理

执行组办公室下设日常办事机构，设在市能源局，***兼办事机构主任。

（四）现场工作小组

在执行组办公室的指导下，具体负责某县层面的公众沟通工作。

组　　长：**** 　某县委书记
常务副组长：**** 　某县委副书记、县长
**** 　某县人大常委会主任
**** 　某县政协主席
**** 　项目建设单位总经理
副 组 长：**** 　某县委副书记、政法委书记
**** 　某县委常委、常务副县长
**** 　某县委常委
**** 　某县委常委、宣传部部长
**** 　某县人大党组副书记、副主任
**** 　某县人大副主任
**** 　某县政协党组副书记、副主席
**** 　某县副县长、公安局局长
成　　员：**** 　某县委办公室主任
**** 　某县人大办公室主任

**** 某县政府办公室主任

**** 某县政协办公室主任

**** 某县纪委副书记、县监委副主任

**** 某县委组织部常务副部长

**** 某县委宣传部常务副部长

**** 某县委统战部常务副部长

**** 某县委政法委常务副书记

**** 某县信访局局长

**** 某县人大代表工委主任

**** 某县政协委员工委主任

**** 某县发改局局长

**** 某县经信局局长

**** 某县教育局党委书记

**** 某县公安局政委

**** 某县司法局局长

**** 某县财政局局长

**** 某县自然资源和规划局局长

**** 某县住建局局长

**** 某县交通运输局局长

**** 某县水利和渔业局局长

**** 某县卫生健康局局长

**** 某县退役军人事务局局长

**** 某县应急管理局局长

**** 某市生态环境局某分局局长

**** 某县科协主席

**** 某县传媒中心主任

**** 某市国安局工作站站长

**** 某县镇镇长

**** 某县镇党委书记

**** 某县乡党委书记

**** 项目建设单位党群工作处处长

**** 项目建设单位综合管理处处长

（五）现场工作小组办公室

主　　任：**** 某县人大副主任、项目专班主任

常务副主任：**** 某县退役军人事务局局长

副 主 任：**** 某县委宣传部副部长、网信办

主任、新闻办主任

**** 某县委政法委副书记

**** 某县发改局副局长

**** 某县镇人大主席

**** 某县公安局党委副书记、副局长

**** 某县自然资源和规划局副局长

**** 某市生态环境局某分局副局长

**** 某县司法局政治处主任、党组成员

**** 某县招商中心副主任

**** 某县镇党委副书记

**** 某县乡党委副书记

**** 项目建设单位党群工作处处长

**** 项目建设单位综合管处处长

成　　　　员：****　　某县镇党委委员
****　　某县乡党委委员
****　　某县府办秘书科科长
****　　某县委宣传部副部长
****　　某县委政法委安全稳定督导科科长
****　　某县发改局能源管理科科长
****　　某县公安局行动侦察大队大队长
****　　项目建设单位党群工作处公众科普科长

三、工作责任

（一）某省人民政府

1. 批准发布《某核电公众沟通工作方案》；

2. 领导各有关单位按照职责分工实施公众沟通工作；

3. 组织开展舆情监测工作，负责跨省、跨市以及重大舆情的应对工作，向国家有关部门通报重大舆情信息；

4. 负责省级公众沟通工作；协调中宣部、中央网信办在公众沟通过程中给予支持，对新闻与网络媒体管控、舆情处置等进行指导和支持。

（二）某市人民政府

1. 共同编制《某核电公众沟通工作方案》，并报某省人民政府批准；

2. 负责牵头组织实施经批准的方案；

3. 协调、组织相关单位和项目建设单位开展公共宣传、公众参与、信息公开工作；

4. 开展舆情监测和舆情信息通报，组织对舆情进行引导和管控，及时处理重大舆情或群体性事件。

（三）某县人民政府

1. 共同编制《某核电公众沟通工作方案》；

2. 组织县级各单位按照《某核电公众沟通工作方案》的要求，建立相应工作机制，明确职责分工，实施公众沟通工作，开展公共宣传，做好舆情应对工作；

3. 配备足够的人力及资源以满足公众沟通工作的

需要。

（四）中国核工业集团有限公司

1. 审查认可并与某省政府联合发布《某核电公众沟通工作方案》；

2. 开展舆情监测和舆情信息通报；

3. 提供公众沟通相关工作技术支持；

4. 加强与某省人民政府的联系，建立政府与企业联动机制；

5. 提供核领域专家团队参与公众沟通。

（五）中国核能电力股份有限公司

1. 对公众沟通方案编制的审查和把关，上报中核集团审批；

2. 对接中核集团、国家核安全局、国家能源局，争取政策支持；

3. 参与公众沟通的实施效果评估工作；

4. 统筹编制通用科普宣传资料、通用口径库；

5. 指导项目单位开展舆情应对工作；

6. 指导项目单位开展信息公告发布。

（六）项目建设单位

1. 共同编制《某核电公众沟通工作方案》;

2. 按照《某核电公众沟通工作方案》的要求，在各级政府和中国核工业集团有限公司的领导下开展公众沟通工作;

3. 公开项目建设进展情况;

4. 做好舆情应对准备工作，开展舆情监测及舆情信息通报、舆情引导工作;

5. 加强核电公众沟通宣传团队建设;

6. 为公众沟通工作提供全面的技术支持和保障。

四、资源保障

1. 参与某核电公众沟通工作的单位及有关部门应配备足够的人力及资源，中国核工业集团有限公司及项目建设单位设置公众沟通工作的专门组织和队伍，以满足公众沟通工作的需要。

2. 要丰富宣传方式、拓宽沟通渠道，项目建设单位要主动推进，各级政府积极配合，在厂址周边建设向社会公众开放的核安全宣传教育场馆，方便公众参观学习，增进公众对核电的认识。

某核电项目公共宣传实施细则

一、工作目的

为增进某市、某县及厂址周边地区（30公里范围内）公众对清洁能源及核电知识的了解和认识，提高公众对核电的接受度，为某核电推进营造良好的社会环境，制订本细则。

二、实施主体

某市人民政府、某县人民政府、项目建设单位建立政企联动的科普工作机制，相互协调配合、形成合力，确保公共宣传工作有效实施。

三、组织机构

（一）公共宣传组

公共宣传组在某核电公众沟通执行组的领导下开展

工作，主要负责组织实施某市层面的公共宣传工作，指导某县开展公共宣传工作。

组　长：**** 　某市委常委、宣传部部长

副组长：**** 　某市委宣传部常务副部长

**** 　项目建设单位总经理

成　员：**** 　某市委宣传部副部长、网信办主任

**** 　某市委宣传部副部长、新闻办主任

**** 　某市教育局局长

**** 　某市科技局局长

**** 　某市民政局局长

**** 　某市司法局局长

**** 　某市自然资源和规划局局长

**** 　某市生态环境局局长

**** 　某市能源局局长

**** 　某市科协主席

**** 　日报报业集团党委书记、社长

**** 　广播电视集团总裁、党委书记

**** 　某县委常委、宣传部部长

**** 　项目建设单位党群工作处处长

**** 项目建设单位综合管理处处长

公共宣传组日常办事机构设在某市委宣传部，某市委宣传部常务副部长***兼任办事机构主任。

（二）现场公共宣传组

现场公共宣传组主要负责组织实施某县层面的公共宣传工作。

主　任：**** 某县委常委、宣传部部长

副主任：**** 某县委宣传部副部长、网信办主任、新闻办主任

**** 某县退役军人事务局局长、项目专班常务副主任

**** 某市生态环境局某分局局长

**** 某县科协主席

**** 某县传媒中心主任

成　员：**** 某县人大代表工委主任

**** 某县政协委员工委主任

**** 某县县直机关党工委书记

**** 某县委老干部局局长

****	某县教育局党委书记
****	某县文化和广电旅游体育局局长
****	某县卫生健康局局长
****	某县总工会党组书记、副主席
****	共青团某县委员会书记
****	某县妇联主席
****	某县文联主席
****	某县镇镇长
****	某县镇党委书记
****	某县镇党委书记
****	某县镇党委书记
****	某县乡党委书记
****	某县乡党委书记
****	某县乡党委书记
****	项目建设单位党群工作处处长

现场公共宣传组日常办事机构设在某县委宣传部。

（三）工作职责

政府方面：组织做好某核电公共宣传工作；审定相关方

案、计划；协调各相关部门配合开展公共宣传；协调组织公共宣传活动的对象，组织分发宣传材料，提供具有一定公信力的宣传平台；与企业密切联系。

企业方面：编制公共宣传活动方案；具体组织开展各项宣传活动；为宣传活动提供所需的经费、材料、人员、车辆等资源；及时总结公共宣传活动效果；与政府密切联系。

四、总体原则

（一）政企合作。坚持政府主导、合力施策，政府与企业紧密协作，更好地推动项目发展。

（二）把握节奏。以国家有关法律法规为依据，根据当地社会、经济、文化和公众特点，结合项目推进过程中的实际需求，以积极、全面、“接地气”的方式主动宣传，通过宣传的持续开展，唱响主流声音，累积正能量，赢得公众信赖。

（三）说做结合。首先是“说”到位，即通过参观考察、展示、讲座等方式，让公众科学、理性地认识核安全；其次是“做”到位，通过规划衔接、惠民工程等措施让公众实实在在地感受到项目带来的好处，争取公众对项目的理解和支持。

（四）形式多样。设计形式多样的宣传载体，开展核电知识进机关、进学校、进社区、进农村、进企业“五进”系列宣传活动；利用媒体推动核电知识的普及，形成全方位、多角度的宣传格局。

（五）平稳可控。在开展公共宣传的工作过程中，做好舆情的动态监控，把握舆情发展趋势，针对性地开展宣传和解释工作，并将宣传工作与政府维稳、项目推进有机结合，确保现场平稳可控。

五、宣传内容

1. 核电科普宣传：核电安全、高效、经济、清洁的能源特征；核电技术基础科普常识；世界核电发展状况；我国核电发展政策和规划；核电安全性和核安全管理知识；核应急管理及公众防护知识；辐射、辐照相关知识；核电的安全性等。

2. 项目情况介绍：某核电对国家和地方促进经济建设、产业结构优化、能源结构调整、环境质量改善、扩大劳动力就业等方面的重要意义；某核电厂址、技术安全特点；项目建成运行后对当地群众在就业、教育、文化生活等方面的促进作用；项目建设单位的卓越文化、社会责任担当等。

六、宣传对象

由于核电项目面对的受众体量庞大，兼具范围广、差异性大的特点，因此在核电项目的推进过程中，将对受众进行合理、科学的分类，从而使宣传工作更具针对性，以达到事半功倍的效果。同时结合和***本地社情，充分考虑大众对宣传内容和宣传方式的接受能力，从而达到“提认知、控风险、保推进、共发展”的目的。根据某核电实际情况，将宣传受众分为以下五个方面：

（一）各级干部

各级干部指市、县机关和企事业单位干部、离退休老干部，项目属地乡镇干部、村干部。

（二）利益相关者

利益相关者主要指厂址所在地及周边各行各业的民众和团体，主要分为直接利益相关者和间接利益相关者。

直接利益相关者是指厂址非居住区内需要搬迁的民众，以及在厂址及规划限制区内投资开发项目的企业和个人。间接利益相关者是指厂址周边的各行业人员以及属地乡镇在外人士。

（三）民意代表

民意代表在社会公众中具有较大影响力且具有舆论话语权，如“两代表一委员”、乡贤代表和网络大 V、网红等。

（四）新闻媒体人员

新闻媒体包括电视、电台、报纸杂志、网络媒体工作人员。

（五）一般社会公众

除上述人员以外的人员或群体。

七、宣传形式

某核电将结合整体工作推进计划，围绕公众关心的普遍性问题及特殊性需求，全方位、多角度地开展科普宣传活动。

（一）常态活动

1. 考察学习活动：在符合疫情防控的情况下，分批次邀请各方代表到秦山、三门等核电基地参观考察。重点推动项目周边镇乡干部群众赴核电基地参观考察。考察学习不少于20批。

2. 科普宣传“五进”活动（进机关、进学校、进社区、进农村、进企业）：利用走访交流、分发宣传册、设置宣传橱窗、播放视频宣传片等形式传播“绿色能源、环保家园”理念。在项目周边乡镇设置宣传橱窗不少于20处。

3. 科普讲座：在某市、某县开展核电知识培训和讲座。科普培训和讲座不少于5次。

4. 科普展：在某县文化活动中心、属地乡镇开展核电知识科普展，宣传核电知识。科普展不少于5次。

（二）媒体宣传

加强与省、市、县相关媒体的合作，以专题专栏的形式宣传核电科普知识，营造良好舆论氛围，增强群众的感性认识。

1. 电视：充分利用电视媒体的特点，对国家涉核政策等新闻事件及时报道。在某市、某县电视台播放我国核电系列科普纪录片，广泛介绍核电清洁能源发展概况及原理，总数不少于20次。

2. 电台：利用电台传播速度快、辐射面广、感染力较强的特点，在某市、某县广播电台播放清洁能源小知识，主要以核电安全、清洁和环保等方面为主，总数不少于20条。

3. 报纸杂志：紧密结合项目实际，利用平面媒体搭建科普宣传平台，发出正面声音。在市县两级报刊上开设核电宣传专栏，打造清洁能源发展评论专版，适时开通专题跟踪报道。报纸杂志刊登科普宣传文章，总数不少于20篇。

4. 网络媒体：充分发挥市县两级新媒体和“两微一端”做好宣传报道，突出宣传清洁能源建设的好处和优势，总数不少于20篇。

（三）特色活动

1. 爱心公益活动：通过开展捐资助学，关爱老人和特殊群体等公益活动，拉近公众与核电的距离，树立企业形象，凝聚人心。慰问活动不少于5次。

2. 地方特色活动。结合开渔节等地方民俗活动开展相关主题活动，积极融入地方。各类主题活动至少1次。

3. 其他主题活动。邀请某县书画家协会、美术家协会、摄影家协会会员参观核电基地，开展书画作品展、摄影作品展等，通过书画、美术、摄影文艺作品宣传核电科普知识。各类主题活动至少1次。

（四）多渠道组建宣传团队

1. 专家宣传员队伍。一是国内核能领域专家宣传员；二是县内专家宣传员队伍。

2. 媒体宣传员队伍。一是由县传媒中心工作人员组成。主要在各类媒体平台上做好科普宣传和正面报道；二是由自媒体从业人员组成，主要在其自媒体平台开展科普宣传。

3. 镇乡街道宣传员队伍。由各镇乡街道班子成员、联村干部、村（社）班子成员、网格员等人员组成。

4. 教师宣传员队伍。由支持项目建设、擅长宣教教师组成。

5. 文艺宣传员队伍。由支持项目建设、擅长宣教的文艺骨干组成。

6. “两代表一委员”宣传员队伍。由支持项目建设、群众基础较好、擅长宣教的各级党代表、人大代表、政协委员组成。

7. 网络宣传员队伍。由支持项目建设的网络大V、意见领袖、网络志愿者组成。

8. 乡贤宣传员。由支持项目建设、威信高、擅长宣教的乡贤组成。

八、评估与总结

1. 定期对公共宣传效果进行评估，及时收集反馈意见，不断改进和丰富公共宣传方式和内容。

2. 及时开展公共宣传工作经验反馈，提高公共宣传工作的质量。

某核电项目公众参与实施细则

为切实提高公众对某核电进展情况的认知程度，做好公众沟通的调查工作，全面反映某市及周边公众对某核电建设可接受性的态度，收集公众意见，为项目建设营造和谐稳定的公众环境，开展公众参与活动，依据《某核电公众沟通工作方案》，特制订本细则。

一、公众参与方式

本项目公众参与的方式主要包括：问卷调查、座谈会、某市人大常委会审议。

二、内容

1. 公众问卷调查

（1）组织单位

由某市人民政府和某县人民政府组织实施，项目建设单位协助。

（2）调查范围

根据某核电建设特点及受影响范围，公众参与调查范围为可能受项目建设直接影响或间接影响的公众，以厂址周边地区（30 公里范围内）公众为主，重点关注 5 公里范围内公众。5 公里内有某镇 7 个村约 6600 人，10 公里内某镇 14 个村约 16000 人，15 公里内某镇全域、其他镇 1 个村、某乡 2 个村约 36000 人，30 公里内 11 个村，约 199000 人。

（3）调查原则

调查需综合考虑以下原则：被调查公众职业、专业知识背景、表达能力、受影响程度等因素；被调查公众距厂址的距离及区域内利益相关群体的数量（距离越近、区域内利益相关群体数量越大发放调查问卷越多）；回收的有效问卷数量应不少于 500 份。

（4）调查问卷分布

本次问卷拟发放 500 份，问卷发放份数根据该村与厂址的距离和该村的人口规模确定。

（5）问卷调查结果统计与分析

对调查结果进行统计、分析，重点分析支持人群所占比例，持顾虑态度人群所占比例，意见不同观点人员的结构构成及素质等，科学分析，并得出公众沟通的初步结论。

2. 座谈会

（1）实施单位：某县人民政府组织，项目建设单位协助。

（2）参加人员：包括公众代表和政府、项目建设单位的代表。公众代表的选择应综合考虑性别、年龄、职业、文化程度等因素，并考虑部分前期参与问卷调查中持支持、反对意见或无明确意见的公众代表，非政府组织成员和当地知名人士等。参会代表人数不少于30人。

（3）会议内容：某核电情况介绍及建设的必要性、建设影响范围和影响程度等相关情况介绍；公众代表疑虑问题陈述；公众疑虑问题解答。

（4）实施单位事先征集公众代表的问题，根据项目建设的影响范围和影响程度等相关情况，合理确定座谈会议题。在会议召开的7个工作日前，将会议的时间、地点、主要议题等事项，书面通知有关单位和个人。

（5）实施单位在座谈会结束后5个工作日内，根据现场会议记录整理编制会议纪要结论，如实记载不同意见，并存档备查。会议纪要或论证结论应当如实记载不同意见。

3. 某市人民代表大会常务委员会审议

（1）组织单位：某市人民代表大会常务委员会。

（2）审议流程：某市人民政府按照某市人民代表大会的审议程序报请某市人民代表大会常务委员会审议，某市人民代表大会常务委员会按照规定程序审议。

（3）审议内容：审议的材料包括某核电及项目建设单位基本情况、项目建设必要性、核电项目建设和运行的环境影响等，审议内容包括是否同意建设及其他需要审议的事项。

（4）会议通知：某市人民代表大会常务委员会在常委会召开5日前通知每位委员，通告会议时间、地点、审议内容。

（5）会议成果：是否同意建设某核电的会议纪要。

三、意见反馈

1. 在公众参与工作实施过程中，项目建设单位采用电话、传真、书信、电子邮件、回访座谈、邀请参观等方式，向提出意见的个人或者组织反馈意见处理情况。

2. 在公众参与实施完成后，项目建设单位对公众参与的情况进行总结分析。

某核电项目信息公开实施细则

一、目的

为切实提高公众对某核电的认知程度，做好公众沟通工作，保障某市公众对某核电项目建设的知情权，并广泛收集公众意见，依据《某核电公众沟通工作方案》，特制订本细则。

二、实施主体

某市人民政府、某县人民政府、项目建设单位。

三、信息公开内容

（一）建设项目信息公开

依据《核电项目公众沟通工作指南（试行）》的要求进行某核电信息公开，实施主体为某市人民政府，公告载体为某市政府网站及当地公众媒体，公告期限不少于 15

个工作日。

信息公开主要内容包括：

1. 某核电项目基本情况；

2. 某核电项目已完成的信息公开与公众参与情况；

3. 征询公众意见的主要事项；

4. 公众反馈意见的渠道。

拟公开内容如下表所示：

某核电信息公开

某核电项目位于某省某市某县，项目规划容量为6台"华龙一号"百万千瓦级压水堆核电机组，此次一期工程建设2台机组，采用"华龙一号"技术路线。根据相关规定，现将项目有关情况公开如下：

一、项目基本情况

***。

二、信息公开与公众参与情况

***。

三、公众反馈意见渠道

目前某核电项目前期工作正有序开展，某市、某县人民政府将在科学论证的基础上，积极稳妥有序推进该项目。

如果您对项目存在疑问或意见，请按以下渠道进行实名反馈。

单位：项目建设单位

联系人：***

电话：***-******；传真：***-****** 邮箱：******

地址：某省某市某县***

本公告时间：202X 年 X 月 X 日-202X 年 X 月 X 日

（二）项目建设进展情况信息公开

依据《核电项目公众沟通工作指南（试行）》的要求进行项目建设进展情况信息公开，实施主体为项目建设单位，公开载体为中国核能电力股份有限公司网站，公开期限为长期公开。

信息公开主要内容包括：

1. 某核电项目基本情况；

2. 项目建设单位基本信息、安全承诺等情况；

3. 某核电项目厂址选择阶段批复支持性文件的审查或取得情况；包括土地利用、资源保护、安全分析、环境保护等；

4. 公众反馈意见的渠道。

拟公开内容如下表所示：

某核电建设进展信息公开

某核电厂位于某省某市某县，项目规划容量为 6 台“华龙一号”百万千瓦级压水堆核电机组，此次一期工程建设 2 台机组，采用“华龙一号”技术路线。目前正有序开展各项前期工作，根据相关规定，现将项目有关情况公开如下：

一、项目基本情况

***。

二、项目建设单位基本情况及安全质量承诺

我公司承诺认真贯彻落实国家有关法律法规、集团公司规章要求，建立和有效运行安全管理体系，按要求完成安全生产标准化达标建设及认证工作，有效发挥安全生产委员会、安全总监作用，安全生产责任制层层落实到人，确保核安全，杜绝二级及以上核事件；杜绝较大及以上生产安全事故，年度因工死亡人数为 0；杜绝较大及以上环境事件，流出物排放达标率 100%；杜绝较大及以上辐射事故；杜绝危险物品丢失和被盗；杜绝重大及以上火灾爆炸事故和交通责任事故；杜绝职业危害事故；建设项目“三同时”执行率达 100%；特种作业人员（含承包商）持证上岗率 100%；确保安全、环保、应急、职业卫生信息上报率达 100%；并按规定足额提取和使用安全费用，专款专用。

我公司承诺认真贯彻落实国家有关法律法规和集团公司规章制度要求，结合重点任务明确质量目标，落实质量责任，完善质量管理体系，加强全员质量教育和培训，外委工作选择合格的承包商承担，配备足够合格的质量管理人员，提供充足经费以开展必要的监督管理工作，杜绝重大人因质量事故，及时、准确上报质量事故报告，确保核电站的安全稳定运行、大修质量和建造质量。

三、某项目厂址选择阶段批复性文件的审查和取得情况

***。

四、公众反馈意见渠道

如果您对项目存在疑问或意见，请按以下渠道进行实名反馈。

单位：项目建设单位

联系人：***

电话：***-******；传真：***-******　邮箱：******

地址：某省某市某县***

本公告时间：202X 年 X 月 X 日-202X 年 X 月 X 日

某核电项目舆情应对实施细则

一、工作目的

为切实做好某核电的舆情管理和危机应对工作，预防和避免舆情危机事件的发生，消除和扭转负面信息及其他潜在舆情风险对某核电的不利影响，营造有利于项目推进的内外部舆论环境，根据《中华人民共和国突发事件应对法》《国家突发公共事件总体应急预案》、生态环境部《核电项目公众沟通工作指南（试行）》等有关规定，制订本细则。

二、实施主体

在公众沟通领导小组的领导下，由某省人民政府、某市人民政府、某县人民政府，中国核工业集团有限公司和项目建设单位共同参与实施。

三、组织机构

为切实做好某核电舆情应对工作，营造核电项目建设的良好网络舆论氛围，专门成立某核电舆情危机管理及群体性事件应对组织机构，设立领导小组、执行组、执行组办公室、工作小组，开展核电项目舆情危机管理工作。

（一）领导小组

统筹领导、指挥、协调某省辖区内各级政府及相关部门切实做好某核电舆情应对工作，对境外地区可能的舆情事件采取应对措施。

组　长：**** 　某省委常委、常务副省长

副组长：**** 　某市委副书记、市长

**** 　某省政府副秘书长

**** 　中国核工业集团有限公司副总经理

成　员：**** 　某省委宣传部

**** 　某省委政法委

**** 　某省委网信办

**** 　某省信访局

**** 　某省公安厅

**** 　某省生态环境厅

**** 　某省国家安全厅

**** 某市委副书记、政法委书记

**** 某市委常委、常务副市长

**** 某市委常委、宣传部部长

**** 某县委书记

**** 项目建设单位董事长

（二）执行组

主要负责某市层面的舆情应对工作，指导某县层面的舆情应对工作，协助应对某市以外的核电舆情事件。

组　　长：**** 某市委副书记、市长

副 组 长：**** 某市委副书记、政法委书记

成　　员：**** 某市委常委、常务副市长

**** 某市委常委、宣传部部长

**** 某市副市长、公安局局长

**** 某市委副秘书长、政法委常务副书记

**** 某市委宣传部副部长、网信办主任

**** 某市信访局局长

**** 某市国家安全局局长

**** 某市生态环境局局长

****　　某县委副书记、县长

****　　项目建设单位董事长

（三）执行组办公室

在执行组的统筹领导下，执行组办公室具体负责舆情应对工作。

主　　任：****　　某市委副书记、政法委书记

常务副主任：****　　某市委常委、常务副市长

****　　某市委常委、宣传部部长

****　　某市副市长、公安局局长

****　　项目建设单位董事长

副 主 任：****　　某市政府秘书长

****　　某市委副秘书长、办公厅主任

****　　某市委副秘书长、政法委常务副书记

****　　某市政府副秘书长

****　　某市发展和改革委主任

****　　某县委副书记、政法委书记

成　　员：****　　某市委宣传部副部长、网信办主任

**** 某市委宣传部副部长、新闻办主任

**** 某市信访局局长

**** 某市经信局局长

**** 某市教育局局长

**** 某市科技局局长

**** 某市公安局副局长

**** 某市国家安全局局长

**** 某市民政局局长

**** 某市司法局局长

**** 某市自然资源和规划局局长

**** 某市生态环境局局长

**** 某市住房和城乡建设局局长

**** 某市应急管理局局长

**** 某市能源局局长

**** 某市科协主席

**** 某县委常委、常务副县长

**** 某县委常委、某镇党委书记

**** 某县委常委、宣传部部长

**** 某县人大副主任、项目专班主任

****　　某县副县长、公安局局长

****　　项目建设单位总经理

（四）现场工作小组

主要负责某县层面的舆情应对工作，配合某市层面的舆情应对工作。

组　　长：****　　某县委书记

常务副组长：****　　某县委副书记、县长

副 组 长：****　　某县委副书记、政法委书记

****　　某县委常委、常务副县长

****　　某县委常委、某镇党委书记

****　　某县委常委、宣传部部长

****　　某县人大副主任、项目专班主任

****　　某县副县长、公安局局长

****　　项目建设单位总经理

成　　员：****　　某县委办公室主任

****　　某县政府办公室主任

****　　某县委政法委常务副书记

****　　某县委宣传部副部长、网信办

主任、新闻办主任

**** 某县信访局局长

**** 某市生态环境局某分局局长

**** 某市国家安全局某工作站站长

（五）现场工作小组办公室

在现场工作小组的统筹领导下，工作小组办公室具体负责舆情应对工作。

主　　任：**** 某县委副书记、政法委书记

常务副主任：**** 某县委常委、常务副县长

**** 某县委常委、某镇党委书记

**** 某县委常委、宣传部部长

**** 某县人大副主任、项目专班主任

**** 某县副县长、公安局局长

**** 项目建设单位总经理

副 主 任：**** 某县委办公室副主任

**** 某县委宣传部常务副部长

**** 某县委政法委常务副书记

**** 某县发改局局长

**** 某县退役军人事务局局长

成　　员：**** 某县委宣传部副部长、网信办主任、新闻办主任

**** 某县委政法委副书记

**** 某县镇人大主席

**** 某县人武部副部长

**** 某县信访局局长

**** 某县教育局党委书记

**** 某县公安局党委副书记、副局长

**** 某县司法局局长

**** 某县自然资源和规划局局长

**** 某县交通运输局局长

**** 某县水利和渔业局局长

**** 某县卫生健康局局长

**** 某县应急管理局局长

**** 某市生态环境局某分局局长

**** 某市国家安全局某工作站长

**** 某县科协主席

**** 某县镇镇长

**** 某县镇党委书记

**** 某县乡党委书记

**** 项目建设单位党群工作处处长

**** 项目建设单位综合管理处处长

四、联络员机制

为确保某核电公众沟通工作方案的有效执行，在某核电公众沟通领导小组、执行组办公室、现场工作小组和现场工作小组办公室建立联络员机制，负责内部联络（省、市、县三级政府的内部联络）。

领导小组联络员：

执行组办公室联络员：某市委网信办。

现场工作小组联络员：某县委政法委。

现场工作小组办公室联络员：某县委政法委，某县委宣传部副部长、网信办主任、新闻办主任。

五、舆情应对

（一）舆情监控

1. 建立 24 小时网络舆情监控、研判和日报告机制，发生重大舆情和群体性事件时要及时通报中宣部、中央网信办、生态环境部（国家核安全局）。

2. 通过实地走访、布建信息员开展信息收集、研判，全面准确掌握线下舆情，并及时上报。

3. 针对负面舆情，快速组织网评员进行引导。对信息不实或者造谣、传谣帖子迅速进行管控和删除。

（二）统一口径

群众集会事件一般不公开报道，必要时由现场工作小组统一指挥，召开媒体见面会，由新闻发言人根据事件演变情况、口径材料要求回答媒体和公众提问。确需广播电台、电视台等媒体公开报道的，由现场工作小组对报道内容进行审核通过后，协调安排相关媒体适当报道，并正确引导舆论。

（三）舆情危机类别和等级

根据舆情危机的严重程度、影响范围、事件可控性等因素，项目常见舆情危机划分为五个等级，即Ⅰ级（特大）、Ⅱ级（重大）、Ⅲ级（较大）、Ⅳ级（一般）和Ⅴ级（敏感）等五级。

根据舆情危机发生的起因，将常见舆情危机划分为二类，即由社会舆论和媒体炒作引发的舆情危机、由现场准备工作引发的舆情危机。

1. 社会舆论和媒体炒作引发的舆情危机。此类舆情危机主要包括但不限于：某核电发生被新闻媒体或社会公众关注且产生敏感和负面舆论、媒体或公众有意歪曲事件事实、媒体或公众有意传播不实信息、网络水军恶意炒作不实信息、媒体关系危机等事件，地方政府部门发布关于核电方面的相关敏感信息通告等。

2. 现场准备工作引发的舆情危机。此类舆情危机主要包括但不限于：某核电因现场准备、周边关系等突发事件引发的舆情危机，细分如下：

（1）自然灾害类。项目所在地相关地区发生气象等自然灾害引发的舆情危机。

（2）生产事故类。国内外核电基地遭受恐怖袭击、发生放射源失控、“国际核事件分级标准”的 0-3 级事件和 4-7 级事故、发生大面积停电的生产事故、工程建设事故、生产设备设施运行事故、工业安全事故、危险化学品火灾爆炸、公用建筑火灾、交通与运输事故、产品质量与服务质量问题等事件引发社会对核安全担忧的广泛舆情危机。

（3）信息安全类。项目建设单位发生网络被恶意攻击、有害程序攻击、信息设备设施故障、信息失泄密等事件引发的舆情危机。

（4）群体纠纷类。某核电因现场准备工作发生的暴力冲突、群体性阻工、公众关系危机等事件。

（5）环保组织类。过度宣扬项目对环境危害或辐射对人体危害等引起的舆情危机。

（四）舆情应对流程

1. 敏感舆情应对流程

当现场工作小组办公室发现并研判为敏感舆情时，第一时间报送至现场工作小组办公室联络人，由现场工作小组联络人组织现场工作小组办公室成员及项目建设单位相关人员在舆情应对平台上研判舆情风险，商议明确处理方案，安排分工、及时处理，尽可能地消除舆情危机隐患。现场工作小组办公室持续关注并视舆情影响范围和严重程度的变化，根据“舆情风险级别”评估标准，调整舆情风险等级或取消关注。

2. 一般舆情危机应对流程

现场工作小组办公室发现并研判为一般舆情时，第一时间梳理事件背景、舆情现状，各方在舆情应对平台上研判风险等级，商议建议处理方案，并上报现场工作小组和执行组办公室。

现场工作小组办公室明确处理方案，安排分工（包含应对口径、新闻通稿等）、协调资源、及时处理。期间由舆情监测人员编发《舆情快报》。

现场工作小组办公室持续关注并视舆情影响范围和严重程度的变化，根据“舆情风险级别”评估标准，调整舆情风险等级或取消关注。

3. 较大舆情危机应对流程

现场工作小组办公室发现并研判为较大舆情时，第一时间梳理舆情中的事件背景、舆情现状，编发《舆情快报》，并上报至现场工作小组和执行组办公室。

（1）舆情危机发现并确认后 2 小时内

a. 执行组办公室评估事件的影响范围及舆论态势，研讨危机应对措施，做好分工安排。

b. 现场工作小组办公室安排专人负责舆情监测，按要求梳理事件背景、舆情现状，向各单位通报舆情事项并请其关注。

c. 为确保舆情危机影响控制在最小范围内，由现场工作小组负责网络及媒体舆情监控管理工作，向各单位通报舆情事项并请其关注。

（2）舆情危机发现并确认后 4 小时内

a. 现场工作小组办公室完成应对预案、应对口径、新闻通稿等应对材料的编写，经逐级审核后报送执行组办公室。

b. 根据实际情况，由现场工作小组负责，向某区域内主流新闻媒体、行业主管单位、行业技术专家、行业意见领袖等沟通，争取第三方专家或团队支持。

c. 现场工作小组负责，组织相关力量对可能发生的群体性事件进行实时监控并防止事态进一步恶化，同时启动对事件组织者的取证搜查工作。

（3）舆情危机发现并确认后 6 小时内

a. 执行组办公室视情做好向领导小组、执行组汇报舆情危机处置情况的准备工作。

b. 现场工作小组办公室协调相应单位发言人视情回应外界咨询。

c. 现场工作小组办公室通过政府、公司外部官网、官方微博等发布新闻通稿，主动澄清事件。

d. 现场工作小组办公室做好某县区域内媒体及网站等关联单位的沟通协调工作，同时及时发布新闻通稿，酌情发挥核电宣传声援力量，务必及时统一传播正确信息，避免谣言。

（4）舆情危机发现并确认后6小时后

a. 现场工作小组办公室做好舆情监测，跟踪应对措施的实施进展，及时报送《舆情快报》。

b. 现场工作小组办公室视情调整应对预案和口径，或根据“舆情风险级别”评估标准，调整舆情风险等级。

c. 现场工作小组办公室组织相关部门，落实力量开展本区域内相关应对处置工作。

（5）舆情危机结束或舆论平息后

a. 现场工作小组办公室负责，认真分析危机应对进程，评估事件影响及损失，编写舆情危机应对总结，开展工作总结和经验反馈。

b. 现场工作小组负责，继续摸排舆情危机潜藏风险点，防止舆情复发。

4. 重大、特大舆情危机应对流程

现场工作小组办公室发现并研判为重大、特大舆情时，第一时间梳理事件背景、舆情现状，并上报至省、市、县各级舆情联络人，各级联络人及时做好上报。

（1）舆情危机发现并确认后 2 小时内

a. 由执行组办公室评估事件的危害程度、影响范围及舆论态势，加强舆情监测，摸排触发舆情危机原因，在舆情确认 2 小时内编制第一份《舆情快报》报送执行组。

b. 执行组办公室主任组织相关力量，做好应对群体性事件的准备。

（2）舆情危机发现并确认后 4 小时内

a. 执行组办公室负责完成应对方案、应对口径、新闻通稿、内部情况说明稿、书面报告等应对材料的编写。

b. 执行组办公室负责，组织地区主流新闻媒体、行业媒体、行业主管单位、行业技术专家、行业意见领袖、专业咨询公司等沟通，争取第三方专家或团队支持。

c. 执行组办公室负责，组织相关力量对可能发生的群体性事件进行实时监控并防止事态进一步恶化，启动对事件组织者的取证搜查工作。

（3）舆情危机发现并确认后6小时内

a. 执行组办公室视情况做好向国家领导人、领导小组、执行组汇报舆情危机处置情况的准备工作。

b. 执行组办公室向领导小组、执行组报送书面报告或新闻通稿。

c. 执行组办公室负责，通过政府及项目公司官网、官方微博等发布新闻通稿，主动澄清事件。

d. 执行组办公室负责，向某省、某市主流传统媒体、网络媒体等媒介发布新闻通稿，主动澄清事件；做好召开新闻发布会、接受或邀请媒体记者采访的准备工作。

e. 执行组办公室妥善解决可能发生的群体性反核事件，避免事态恶化。

（4）舆情危机发现并确认后6小时后

a. 执行组办公室负责，做好舆情监测，跟踪应对措施的实施进展，及时报告舆论发展态势。

b. 执行组办公室结合实际情况调整舆情应对举措。

（5）舆情危机结束或舆论平息后

a. 执行组办公室负责，全面分析危机应对进程，评估事件影响及损失，编写舆情危机应对总结，开展工作总结和经验反馈。危机应对工作总结内容包括事件背景及舆论影响、舆论进程及应对过程、应对启示及后续行动等。

b. 执行组办公室负责，在市、县范围内摸排舆情危机潜藏风险点，防止舆情复发。

（五）舆情危机管理队伍建设

1. 要从加强舆情分析研判、典型案例剖析、舆情危机管理、危机应对技巧、新闻采访应对、新闻发布应对等方面，定期组织开展对新闻发言人、宣传部门分管负责人、舆情危机管理专职和兼职工作人员的多层次、多角度的业务培训。同时，选拔合格的新闻发言人并加强培训，切实提高新形势下的舆情应对能力。

2. 加强工作小组的舆情应对和维稳处置等培训工作，提升舆情危机管理队伍的综合水平。

（六）舆情应对平台及制度保障

1. 网络舆情导控平台：建立起集网络舆情监测、收集、分析、研判、评估、信息传送于一体的网络舆情导控体系，全方位收集各方信息，综合分析、评估、研判，为领导决策提供科学依据。

2. 专家咨询平台：依托专家咨询平台，广泛收集群众意见和建议，接受网民咨询，回答网民关心的问题，及时发布某核电权威信息。

3. 制度保障：

（1）联席会议制度。定期召开执行组办公室成员单位联席会议，及时分析总结网络舆情工作，研判舆情走势，提出针对性的措施，做好工作部署。

（2）协同联动制度。明确各成员单位和相关部门职责，建立工作群，保持信息互联互通，确保第一时间掌握最新舆情动态，及时提出应对措施，形成网络舆情应对“一盘棋”的格局。

（3）轮流值班制度。建立 24 小时网络舆情监控值班制度，全天候负责涉及某核电相关舆情的监测、收集、报送等工作，确保舆情动态实时掌控。

（4）联络沟通制度。不定期召开公共宣传组成员单位联络员工作例会和网络意见领袖座谈会，经常性举办联谊活动，加强信息互通，听取意见和建议，增进了解和理解，共同推动工作。

（5）信息报送制度。现场工作小组办公室发现舆情后，第一时间进行舆情跟踪及舆情级别研判，并根据舆情应急流程要求，编发《舆情快报》。另每日16时编发前24小时《舆情日报》。

某核电项目跨省公众沟通实施细则
（跨省核电项目）

一、任务背景

根据生态环境部公众沟通指南的相关要求，核电项目需在厂址周边30公里范围内开展公众沟通。某核电项目30公里范围涉及****省****县，需要在这些区域开展公众沟通工作。

二、工作目的

为获得****省（跨省）****市****县政府和公众对某核电项目建设的支持，推动某核电项目在****范围内开展公共宣传、公众参与、信息公开以及舆情应对等工作，依据《某核电项目公众沟通工作方案》，编制本细则。

三、组织机构

为确保《某核电项目公众沟通工作方案》的有效执行，协调解决跨省公众沟通的有关问题，建立两省区的联席会议制度，确定召集人和联络员，各自建立相应的组织机构，协调跨区公众沟通工作。在领导小组的领导下，成立某核电项目公众沟通跨省协调组，跨省沟通协调组主要负责跨省公众沟通工作的实施，指导协调公众沟通工作；开展两省间的舆情通报，内部联络和舆情管控工作，重大舆情和群体性事件及时向领导小组报告。

以联席会议和往来函件等形式，不定期召开协调会议，协调某核电项目在跨省公共宣传、公众参与、信息公开、舆情应对等工作中出现的问题，对涉及跨省舆情应对等重大敏感性问题采用各自维稳机制进行管理。

两省政府负责建立联席会议机制，省级召集人协调落实对某核电项目支持的意见，协调****省（跨省）域内舆情管控、规划调整和获取支持性文件等方面的工作。

市县级召集人负责协调某核电项目在****市****县（跨省）开展公共宣传工作。协调在****市****县（跨省）辖区调查问卷的发放、回收工作。协调相关部门派人参加座谈会等事宜。协调项目建设单位组织的在****市****县（跨省）范围内的资料收集工作。

四、工作内容

某核电项目跨省沟通的内容主要包括公共宣传、公众参与、信息公开、舆情应对。在公共宣传环节需要****县（跨省）政府、****镇（跨省）政府给予支持并协调社会各界积极参与。在公众沟通环节主要需要****省（跨省）方面协调做好公众问卷调查和做好公众代表的选取，调查问卷的发放和回收。信息公开参照《某核电项目公众沟通工作方案》信息公开实施细则协同推进。重点是请****省（跨省）各级政府与****省各级政府及项目建设单位共同做好舆情应对工作。

1. 公共宣传

法规要求："核电项目公众沟通工作应关注厂址周边一定范围内（通常为厂址半径30公里）可能受项目建设、运行直接或间接影响的公众。""实施单位应对厂址周围可能受项目建设、运行直接或间接影响的公众实施有针对性地宣传。针对敏感区域，宜考虑扩大宣传范围，实施单位宜利用社会媒体进行更广泛的公共宣传。"

措施方案

（1）宣传范围

在****县(跨省)开展多种形式的公众科普宣传活动，以增进公众对某核电项目的了解。宣传活动重点区域为****县（跨省）****镇。

（2）宣传内容

一是核电科普知识宣传；二是某核电项目宣传，包括厂址特点、安全性、合规性、合法性。宣传内容、宣传受众及保障措施与某省相同，具体参照《某核电项目公众沟通工作方案》中公共宣传实施细则（细则一）。

（3）宣传方式

加强与****省（跨省）媒体的合作，广交朋友，加大第三方宣传核电力度。采取本地化的公共宣传等接地气的办法，联合****省(跨省)当地的传媒单位开展公共宣传，项目建设单位负责宣传队伍的培训、宣传资料的提供、宣传经费保障和宣传效果的考核。在跨省区电视台，纸媒、广播等媒体开办宣传专栏。邀请跨省区媒体通过讲座、运行电厂参观增加媒体对核电的了解。核电项目建设重要节点活动邀请跨省区媒体跟踪采访。

在公众层面采取科普讲座、发放科普资料、邀请公众代表参观运行电厂、开展公益社会活动等方式开展公共宣传活动。

（4）工作策略

通过两省协调机制，在地方政府的配合支持下，****市政府和项目建设单位按照科普先行，广泛参与的原则推进公共宣传不断深入。一是集团推动两省政府间的高层沟通，得到两省对开展宣传活动的认可；二是****（跨省）市政府与****市政府对接沟通，取得市政府对科普宣传活动的支持；三是****（跨省）县政府与****县政府建立工作联系，具体指导在区域内开展公共宣传及公众沟通工作；四是通过公共宣传活动，营造健康和谐的公众沟通大环境，取得公众对公共宣传的支持，配合公众参与、信息公开、舆情应对、资料收集、公益活动等工作。

（5）宣传时机

跨省的公共宣传工作，在公众沟通工作方案得到批准，舆情应对机制建立之后进行。

2. 舆情管控

法规要求："核电项目公众沟通的舆情应对应纳入核

电项目所在省、市的舆情处置及应对体系中，建立有效的组织机构，做好舆情应对准备，并针对不同诉求的人群，采取针对性的处置和应对措施”“舆情应对还应考虑跨区域（跨市、跨省和港澳台地区）的舆情应对措施。”

措施方案

（1）建立两省舆情管控联动机制。信息公开发布之前，利用跨省区公众沟通协调机制，协调跨省区地方政府，建立舆情应对机制和舆情协调联络人微信群，及时通报舆情。信息公开期间，准确把握社情民意，通过****省（跨省）各级政府维稳和舆情管理机制处理某核电项目负面舆情及群体性事件，应对各种突发事件，构建和谐舆论环境。

（2）加强中核集团和项目建设单位舆情监测，建立工作机制，对发现的负面舆情及时通报地方政府，请求跨省区政府进行联合处置。

（3）加强项目所在地政府舆情监测。针对网络上出现的跨省区负面舆情，密切关注事态发展，保持舆情敏感度，及时向跨省区政府通报。适时进行专家解读，及时为跨省区公众解疑释惑，必要时进行舆论对冲。在信息公告期间，派人参与地方政府舆情监测和协调。

（4）积极协调跨省区地方政府，将某核电项目列入跨省区政府舆情监测目录，及时通报负面舆情。同时开展线下风险梳理和摸排，加强源头信息管理和舆情管控。

（5）项目信息公开之前，××××核电公司和当地政府提前告知跨省区政府，以便跨省区政府做好舆情应对准备。

（6）加强与跨省区当地网络媒体、平台的联系沟通，通过地方网信部门加强管控。

3. 问卷调查

法规要求："公众参与范围应重点关注可能受项目建设直接影响或间接影响的公众（包括厂址半径 30 公里范围内的公众、企事业单位和社会团体等）""新厂址核电项目应在厂址选择阶段采用问卷调查、座谈会或听证会等形式，公开征求公众意见。调查问卷的发放数量应根据核电项目建设的具体情况，综合考虑项目影响的范围和程度、社会关注度、区域人口数量以及其他相关因素确定""对于厂址半径 30 公里范围内涉及跨省、地级行政区的区域，也应综合考虑上述因素发放调查问卷。发放和回收的问卷应具有代表性，回收的有效问卷数量应不少于 500 份。"

根据公众沟通指南以上要求，结合某核电项目 30 公里内受影响范围情况，某核电项目需在****县（跨省）区域开展问卷调查。

措施方案

（1）发放范围：根据某核电项目受影响范围，跨省区问卷调查表总计不少于****份。

（2）调查内容：问卷调查表格式和结果统计分析，按照《某核电项目公众沟通工作方案》公众参与实施细则执行。

4. 组织座谈

法规要求："涉及跨省、地级行政区实施公众沟通工作的情况，实施单位应邀请相邻省、地级行政区政府代表和受核电项目建设影响的公众代表参加座谈会。"

措施方案

（1）跨省区代表范围：根据公众沟通指南，结合某核电项目 30 公里范围跨省情况，某核电项目公众参与座谈会跨省区参会人员选择范围为：****县（跨省）及****镇（跨省）政府人员代表和公众代表。

（2）跨省区代表人数：根据公众沟通工作指南，某核电项目公众参与座谈会参会公众代表总人数不少于30人。根据项目建设的影响范围和影响程度等，跨省区代表人数占总人数的15%。

（3）会议方式：座谈会的组织单位、会议通知、会议流程、会议议题、会议纪要按照《某核电项目公众沟通工作方案》公众参与实施细则执行。

附件二　某核电项目公众沟通工作总结要点

一、背景

1. 重点介绍国家相关法规、文件要求；

2.《核电项目公众沟通工作方案》审批情况和主要内容。

二、公共宣传总结

1. 重点宣传对象和开展周期（与《核电项目公众沟通工作方案》相对应）。

2. 宣传内容，包括：

（1）科普层面：核电安全、高效、经济、清洁的能源特征；核电技术基础科普常识；世界核电发展状况；我国核电发展政策和规划；核电安全性和核安全管理知识；核应急管理和公众防护知识等。

（2）项目层面：核电项目对国家和地方在经济建设、产业机构优化、能源结构调整、环境质量改善、扩大劳动力就业等方面的重要意义；核电项目厂址、技术安全特点；核电项目建成运行后对当地群众在就业、收入、教育、文化生活等方面的促进作用；核电项目的企业文化、社会责任等。

3. 主要宣传形式和开展情况

（1）组织开展核电专家讲座的相关情况；

（2）科普宣传活动的开展情况；

（3）媒体宣传的开展情况（包括传统媒体与新媒体）；

（4）专项宣传活动的开展情况；

（5）社会公益活动的开展情况。

不限于以上内容，各项目建设单位可根据实际情况开展相关公共宣传活动。

三、公众参与总结

1. 核电项目公众参与工作开展情况（可结合核电项目环评中的公众参与工作的有关情况进行总结，包括调查范围、调查形式、问卷分析等情况）。

2. 核电项目公众参与工作公众意见反馈情况，包括：公众意见反馈重点内容和项目建设单位回应公众意见情况。

四、信息公开总结

市级政府网站公示核电项目建设信息的有关情况和项目建设单位网站公示核电项目建设信息的有关情况，内容包括：公示时间、公示内容、公示截图（可结合核电项目环评公参信息公告的相关内容。

五、舆情应对总结

1. 项目建设单位舆情监测开展情况，包括：

（1）舆情监测平台的建立情况；

（2）舆情监测机制和人员队伍的建立情况；

（3）核电项目舆情监测情况。

2. 项目建设单位舆情处置情况（各项目建设单位可根据实际情况补充相关内容，包括舆情处置过程、舆情处置成效等）。

注：核电项目公众沟通工作总结报告无标准模板，以上重点内容仅为参考，实际以批准生效的《核电项目公众沟通工作方案》中的相关工作内容为准。

附件三 某核电项目选址阶段环境影响评价公众参与信息公告（第一号）（示例）

根据《中华人民共和国环境影响评价法》和《环境影响评价公众参与办法》（生态环境部令第 4 号）的要求，开展公众参与工作并征求公众意见，特发布本信息公告。

一、建设项目情况简述

项目名称：

建设规模：

建设地点：

工程概况：

二、建设单位名称和联系方式

建设单位：

建设单位公众参与专门网页：http://www.cnnp.com.cn

联系人：

联系电话：（工作时间：09：00-17：00）

传真：

Email：

通信地址：

邮政编码：

三、承担评价工作的环境影响评价机构名称和联系方式

（一）环境影响评价机构的名称

单位名称：中国核电工程有限公司

（二）环境影响评价机构的联系方式

联系地址：北京市海淀区西三环北路 117 号

邮政编码：110840

电话：

传真：

电子邮箱：

四、公众意见表的网络链接

公众如对本信息公告以及本工程的建设项目环境影响评价相关的任何疑问或建议，可填写《某核电项目环境

影响评价公众意见表》（表格模板可通过中华人民共和国生态环境部网站下载）。

注：公众在提交意见时，应当提供有效的联系方式，国家鼓励公众采用实名方式提交意见并提供常住地址。

五、提交公众意见表的方式和途径

公众可在本项目公示之日起，通过发送电子邮件、电话、传真或信函等方式向建设单位或环境影响评价单位提出意见和建议。

谢谢您的参与和合作！

****核电有限公司

****年**月**日

附件四　某核电项目选址阶段环境影响评价公众参与信息公告（第二号）（示例）

根据《中华人民共和国环境影响评价法》和《环境影响评价公众参与办法》的有关规定，为使社会团体及公众了解、参与本项目的环境影响评价工作，现将本项目环境影响评价报告书（征求意见稿）进行公示，欢迎公众积极参与并提出宝贵意见和建议。

一、环境影响报告书征求意见稿查阅方式及途径

环境影响报告书征求意见稿网络链接：

查阅纸质报告地址：

邮政编码：

联系人：

联系电话：（工作时间：09:00-17:00）

传真：

Email：

二、征求意见的公众范围

本次征求意见的公众范围以项目厂址为中心，半径30 km范围的公民、法人和其他组织，环境影响评价范围之外的公民、法人和其他组织如对本建设项目环境影响评价有任何疑问或建议，建设单位也将认真听取和处理。

三、公众意见表的网络链接

公众如有对本信息公告以及本工程的建设项目环境影响评价相关的任何疑问或建议，可填写《建设项目环境影响评价公众意见表》（可访问中华人民共和国生态环境部网站下载）。

四、公众提出意见的方式和途径

欢迎各企事业单位、社会团体、个人针对本项目环境影响及环境保护措施提出宝贵意见或建议，可通过信函、传真、电子邮件等方式和途径将填写后的公众意见表提交建设单位。

五、公众提出意见的起止时间

本次征求公众意见的起止时间为：****年**月**日—**月**日。

谢谢您的参与和合作！

****核电有限公司

****年**月**日

附件五　某核电项目选址阶段环境影响评价公众参与信息公告（第三号）（示例）

根据《环境影响评价公众参与办法》（生态环境部令第4号）的要求，项目建设单位向生态环境主管部门报批环境影响报告书前，应当通过网络平台，公开拟报批的环境影响报告书全文和公众参与说明。现将《某核电项目环境影响报告书（选址阶段）》和《某核电项目选址阶段环境影响评价公众参与说明》向公众公开，供社会各界关心某核电项目建设的公众浏览查阅。

建设单位：**核电有限公司**

联 系 人：

联系电话：（工作时间：09：00-17：00）

传　　真：

Email：

联系地址：

邮政编码：

环评单位：中国核电工程有限公司

电　　话：

传　　真：

电子邮箱：

联系地址：北京市海淀区西三环北路117号

邮政编码：110840

附件1：某核电项目环境影响报告书（选址阶段）

附件2：某核电项目选址阶段环境影响评价公众参与说明

****核电有限公司

****年**月**日

附件六　某核电项目选址阶段环境影响评价公众参与说明

***核电有限公司

****年**月

一、概述

公众参与是拟建项目的工程项目建设单位、环境影响评价单位同公众之间的一种双向交流方式，也是协调工程建设与社会影响的重要手段。本项目作为核能综合利用项目，选址阶段的公众参与是后续建造工作顺利进行的重要基础。通过本阶段的公众参与，可以让公众了解项目环境保护相关设施的运行效能以及项目的最终设计与建造对环境的潜在影响，重要的是让公众了解环境保护设施在工程建设上的落实情况，以及公众关注问题的处理，并对项目的建设和运行提出意见和建议，有利于最大限度发挥项目的综合利益和长远利益，也有利于增强社会公众的环保意识，对保护公众生活环境具有积极的作用。

依据《中华人民共和国环境影响评价法》《环境影响评价公众参与办法》等规定，结合近几年公众参与项目的实施经验以及实际情况，****核电有限公司委托本地专业咨询管理机构于****年**月组织开展了某核电项目选址阶段环境影响评价公众参与调查活动。

本次公众参与活动包括首次环境影响评价信息公开、

征求意见稿公示及核能供热项目厂址周边公众问卷调查、核能科普、企业交流、公众意见处理等内容，并编制《某核电项目选址阶段环境影响评价公众参与说明》。公众参与活动得到了项目周边居民的大力支持，也得到了****市各级相关部门、本地企事业单位和媒体机构的大力配合，活动顺利完成。

问卷调查按照张贴信息公告、发放科普宣传资料、介绍基本情况、解答公众问询、填写调查表等步骤进行。本次共发放调查问卷***份，回收有效问卷***份（其中个人***份，团体**份）。调查显示：****。

二、首次环境影响评价信息公开情况

2.1 公示内容及日期

"某核电项目选址阶段环境影响评价公众参与信息公告（第一号）"于****年*月**日至****年*月*日在****地方相关政府网站和中国核能电力股份有限公司网站发布，主要内容包括项目概况、建设单位及评价单位概况、环境影响评价工作程序和主要内容、咨询方式等信息。

2.2　公示方式

首次公告采用网络发布的形式，网络链接地址如下

（一）地方相关政府网站

****

（二）中国核能电力股份有限公司网站

****

2.3　公众意见情况

公示期间收到*起公众来电，其中*起是来自****的问题。

三、征求意见稿公示情况

3.1　公示内容及时限

环境影响评价报告（征求意见稿）编制完成后，于****年*月*日至****年*月**日进行公示。公示内容主要包括环境影响报告书（选址阶段）征求意见稿全文的网络链接及查阅纸质报告书的方式和途径、征求意见的公众范围、

公众意见表的网络链接、公众提出意见的方式和途径、公众提出意见的起止时间等。

3.2 公示方式

“某核电项目选址阶段环境影响评价公众参与信息公告（第二号）”采用网络、报纸以及张贴等形式进行发布。

3.2.1 网络

同时在地方相关政府网站和中国核能电力股份有限公司网站发布，网络链接地址如下：

地方相关政府网站

****

中国核能电力股份有限网站

****

3.2.2 报纸

《****日报》是中共****市委机关报，第二次信息公告分别于****年*月**日第3版、*月**日第2版进行两次刊登。

3.2.3 张贴

第二次信息公告在调查范围内的街道社区、企事业单位等所在地易于公众知悉的地方进行了张贴。*月**日在***的公示栏进行了张贴。

3.3　查阅情况

****在办公场所（****）设置了专门查阅环评报告书（征求意见稿）纸质版的场所，公示期间未有社会公众到场查阅。

3.4　公众提出意见情况

公示期间收到*起公众来电。

四、其他公众参与情况

4.1　科普宣传情况

公众参与开展期间，项目建设单位通过****等形式，围绕核能利用和安全绿色环保等特点，开展系列核能科普、核电发展形势宣传等方面内容近**篇。

调查过程中，着重对项目周边开展了“走出去”核电科普宣传活动，利用人群较为集中的时间段，在项目附近街道社区、村委会组织形式多样的科普宣传活动。向公众发放核电科普知识画册，观看科普宣传展板和视频，解答公众对项目的疑问，活动覆盖人群广泛。同时，在调查问卷上附加了项目建设的目的和意义，增加宣传的时效性和精准度。

4.2 问卷调查

在****市政府相关部门的指导下，***年*月*日至*日，面向项目厂址半径30公里范围，重点是15公里内的社会公众和团体对象，采取入户、上门的方式进行书面问卷调查。

4.2.1 个人问卷调查情况

（一）调查对象分布

共回收***份问卷，有效问卷***份（1份仅填姓名及个人信息，调查问题选项空白，视为无效）。***份有效问卷的分布情况与调查范围内的社会公众实际情况基本吻合，调查对象具有广泛的代表性。

（1）性别分布：男性 ***人（***%），女性***人（***%）。

（2）职业分布：企事业单位职工***名（***%），农民

名（%），个体经营者***名（***%），公务员***名（***%），教师***名（***%），务工人员***名（***%），学生***名（***%），其他***名（***%）。

（3）年龄分布：20岁（不含20岁）以下***人（***%），20—40岁***人（***%），40—60岁***人（***%），60岁以上***人（***%）。

（4）学历分布：初中及以下***人（***%），中专或高中***人（***%），大专及以上***人（***%）。

（5）群体分布：政府机关***人（***%），街道居民***人（***%），农村居民***人（***%），国有企业职工***人（***%），民营企业职工***人（***%）。

（二）调查结果统计

个人问卷包括8个问题，7个为选择题，1个为意见建议题。

其中，1—4题的选项为“是”“否”；第5、6题的选项有“非常了解”“了解”“了解一点”“不了解”4个选项；第7题的选项有“非常支持”“支持”“无所谓”“不支持”4个选项；第8题为建议题。调查结果统计如下。

问题一：核能是一种安全、清洁、高效的能源

是，****人，占比****%；

否，****人，占比****%。

问题二：核能综合利用可以有效解决碳排放问题

是，****人，占比****%；

否，****人，占比****%。

问题三：核电项目将对保护当地环境，改善本地空气质量起到积极作用，您是否认可？

是，****人，占比 ****%；

否，****人，占比****%。

问题四：核电项目是否能有效解决制约****产业基地发展的能源瓶颈？

是，****人，占比****%；

否，****人，占比****%。

问题五：核电项目将会提供大量就业机会，带动地方经济，您和您的家人是否了解？

了解一点，****人，占比****%；了解，****人，占比****%；不了解，****人，占比****%；非常了解，****人，占比****%。

问题六：核电项目的建设和运营能够给周边居民的生活带来积极的改变，您是否了解？

被调查对象回答：不了解，***人，占比***%；了解一点，***人，占比***%；了解，***人，占比***%；非常了解，***人，占比***%。

问题七：综合各方面考虑，您是否支持核电项目的建设？

被调查对象回答：未选择，****人，占比****%；不支持，****人，占比****%；无所谓，****人，占比****%；支持，****人，占比****%；非常支持，****人，占比****%。

4.2.2 团体问卷调查

（一）调查对象情况

团体问卷调查发出问卷****份，共回收****份，收回率****%，问卷有效率****%。其中市级机关****份、县区政府部门****份。

参与团体问卷调查的单位包括市级机关***个，县区机关***个，村镇（街道）组织***个，国有企业***个，民营企业***个。

（二）调查结果统计

团体问卷包括8个问题：(1)核能是一种安全、清洁、高效的能源；(2)核能综合利用可以有效解决碳排放问题；(3)核电项目将推动****市绿色低碳经济高质量发展，为国民经济高质发展提供强劲动力；(4)核电项目是否能有效解决制约发展的能源瓶颈；(5)核电项目的建设将会为地方经济发展带来更多商机，与地方企业合作共赢，贵单位是否认可；(6)核电项目将会拉动地方经济，带动关联产业的发展，贵单位是否认可；(7)综合各方面考虑，贵单位是否支持核电项目的建设；(8)贵单位对核电项目建设有哪些建议？

7 个选择题，前 6 个问题的选项均为“是”“否”，第 7 题的选项有“非常支持”“支持”“无所谓”“不支持”4 个选项，第 8 题为建议题。

4.2.3　问卷调查数据分析

（一）个人问卷调查数据分析

（二）团体问卷调查数据分析

五、公众意见处理情况

5.1　公众意见概述和分析

（一）个人调查对象反馈的意见或建议

****

（二）团体调查对象反馈的意见或建议

****

（三）公众意见分析

从问卷反映出的这些意见建议可以看出：

****

5.2　公众意见的采纳情况

充分采纳了公众提出的与环境影响相关的合理意见，

对非环境相关的意见已在公众参与期间给予了充分说明，与环境影响相关的公众意见采纳情况如下。

序号	公众的意见建议	采纳情况

六、其他

（一）相关资料存档备查情况

本次公众参与相关的文件、问卷以及相关记录均按照公司相关规定存档备查。

（二）其他需要说明的内容

无。

七、诚信承诺

我公司已按照《环境影响评价公众参与办法》要求，在某核电项目环境影响评价报告编制阶段开展了公众参与工作，在环境影响报告书中充分采纳了社会公众提出的与环境影响相关的合理意见，对所有采纳的意见按要求进行了说明，并按照要求编制了公众参与调查说明。

我公司承诺，本次提交的《某核电项目选址阶段环境影响评价公众参与说明》内容客观、真实，未包含依法不得公开的国家秘密、商业秘密、个人隐私。如存在弄虚作假、隐瞒欺骗等情况及由此导致的一切后果由****核电有限公司承担全部责任。

承诺单位：****核电有限公司（单位名称及公章）

承诺时间：****年*月*日

八、附件

附件 1　第一次信息公告内容及图片

附件 2　第二次信息公告内容及图片

附件 3　第三次信息公共内容及图片

附件 4　企事业单位交流沟通图片

附件 5　张贴公告及入户调查图片

附件七　某核电项目决策事项稳评公示

1. 项目名称：****

2. 建设单位：****核电有限公司

3. 建设地点：**省***市****

4. 建设内容：****

5. 建设周期：计划工期为**个月。

6. 投资总额：本项目计划总投资约****亿元。

核电项目决策（事项）由****委托****公司（稳评单位名称）开展稳评工作，根据《政府投资条例》《重大行政决策程序暂行条例》《**省重大行政决策程序实施办法》（根据实际情况选用）及中央、省关于加强新形势下重大决策社会稳定风险评估机制建设实施的意见等法律法规和文件相关规定，现进行公示征求利益相关者的建议和意见，如有意见和建议请与***某某某（稳评责任主体联系人）联系，联系电话****；或者****公司某某某（稳评机构联系人）联系，联系电话****。公示时间从 **** 年*

月**日起至 **** 年*月*日止。

****公司（稳评单位名称）

****年*月**日

附件八 调查问卷示例

某核电项目选址阶段公众参与意见征询表（个人）

<table>
<tr><td>姓　名</td><td></td><td>性别</td><td>□男 □女</td><td>联系方式</td><td></td></tr>
<tr><td>职　业</td><td colspan="5">□公务员□企事业单位职工□学生□务工人员□个体经营者□农民□其他</td></tr>
<tr><td>文化程度</td><td colspan="5">□大专及以上　□中专或高中　□初中　□初中以下</td></tr>
<tr><td>年　龄</td><td colspan="5">□20 岁以下　□20-40 岁　□40-60 岁　□60 岁以上</td></tr>
<tr><td>家庭住址</td><td colspan="5">市（县）　乡（街道）</td></tr>
<tr><td>工作单位</td><td colspan="5"></td></tr>
<tr><td>征询内容</td><td colspan="5">2020 年 9 月 22 日，习近平总书记在第七十五届联合国大会上提出“碳达峰，碳中和”的“双碳”目标。核能作为清洁、高效的绿色能源，越来越得到广泛的应用，请根据您对核能利用的认知对以下问题做出选择：
1. 核能是一种安全、清洁、高效的能源
□是　□否
2. 核能综合利用可以有效解决碳排放问题
□是　□否
3. 核电项目建设将降低大量二氧化碳、二氧化硫的排放，对改善当地大气质量，打造绿色低碳的生活环境贡献力量，您是否认可？
□是　□否</td></tr>
</table>

	4. 核电项目是否能有效解决制约地方发展的能源瓶颈？ □是　　□否 5. 核电项目将会提供大量就业机会，带动地方经济，您和您的家人是否了解？ □非常了解　　□了解　　□了解一点　　□不了解 6. 核电项目的建设和运营能够给周边居民的生活带来积极的改变，您是否了解？ □非常了解　　□了解　　□了解一点　　□不了解 7. 综合各方面考虑，您是否支持核电项目的建设？ □非常支持　　□支持　　□无所谓　　□不支持 8. 您对核电项目建设有哪些建议？（没有请写“无”） ______________________________

核电项目选址阶段公众参与意见征询表（团体）

单位名称	
单位性质	□机关、事业单位　□国企　□私企　□其他
单位地址	
联系方式	
征询内容	2020 年 9 月 22 日，习近平总书记在第七十五届联合国大会上提出“碳达峰，碳中和”的“双碳”目标。核能作为清洁、高效的绿色能源，越来越得到广泛的应用，请贵单位根据对核能利用的认知对以下问题做出选择； 1. 核能是一种安全、清洁、高效的能源？ □是　□否 2. 核能综合利用可以有效解决碳排放问题？ □是　□否 3. 核电项目将推动地方绿色低碳经济高质量发展，为国民经济高质发展提供强劲动力？ □是　□否 4. 是否能有效解决制约地方发展的能源瓶颈？ □是　□否 5. 核电项目的建设将会为地方经济发展带来更多商机，与地方企业合作共赢，贵单位是否认可？ □是　□否 6. 核电项目将会拉动地方经济，带动关联产业的发展，贵单位是否认可？ □是　□否

	7. 综合各方面考虑，贵单位是否支持核电项目的建设？ □非常支持　　□支持　　□无所谓　　□不支持 8. 贵单位对核电项目的建设有哪些建议？（没有请写“无”） ______________________________

稳评问卷调查表

某核电项目决策事项，正在进行稳评，现就有关事宜进行民意调查，征求相关意见，作为稳评工作的重要依据，请您给予支持和配合。

<table>
<tr><td>决策事项简介</td><td colspan="6">1. 项目名称：
2. 建设单位：
3. 建设地点：
4. 建设内容：
5. 建设周期：
6. 投资总额：</td></tr>
<tr><td>姓名</td><td></td><td>联系电话</td><td></td><td>性别</td><td colspan="2"></td></tr>
<tr><td>住址</td><td colspan="6"></td></tr>
<tr><td>您是</td><td>（ ）附近居民</td><td>（ ）租住本区</td><td>（ ）附近上班</td><td colspan="3">（ ）路过</td></tr>
<tr><td>您的年龄</td><td>（ ）16～35</td><td>（ ）36～55</td><td>（ ）56 以上</td><td colspan="3"></td></tr>
<tr><td>您的职业</td><td>（ ）机关事业</td><td>（ ）企业</td><td>（ ）待业</td><td colspan="3">（ ）其他</td></tr>
<tr><td>您是否了解本决策事项</td><td colspan="2">（ ）了解</td><td colspan="4">（ ）不了解</td></tr>
<tr><td>对该决策事项是否支持</td><td>（ ）支持</td><td>（ ）有条件支持</td><td>（ ）无所谓</td><td colspan="2">（ ）反对</td><td>（ ）强烈反对</td></tr>
</table>

<table>
<tr><td>您会采取何种方式解决诉求</td><td>（　）正常反映</td><td>（　）调解</td><td>（　）诉讼</td><td colspan="2">（　）其他</td></tr>
<tr><td rowspan="2">意见和建议</td><td colspan="5"></td></tr>
<tr><td colspan="5">若不支持，请一定说明原因：</td></tr>
<tr><td>被调查人签名</td><td></td><td>调查人签名</td><td></td><td>日期</td><td></td></tr>
</table>

稳评单位：****公司

附件九　项目公众参与座谈会工作方案示例

一、会议目的

根据《核电项目公众沟通工作指南（试行）》和《环境影响评价公众参与办法》（生态环境部第 4 号令）中相关规定，为保障项目可能受环境影响的公众的环境保护知情权、参与权、表达权和监督权，特组织召开本项目选址阶段公众参与座谈会。

二、会议时间

****年**月**日上午**时，并在**年**月**日前（10 个工作日前）在**县人民政府网公告本次座谈会信息，于**年**月**日前（5 个工作日前）通知拟邀请的专家、并书面通知被选定的代表。

三、会议准备

1. 主持词；

2. 会议签到表；

3. 核电科普宣传品 50 份（提前放置在会场座位上）；

4. 核电科普 PPT，讲课专家；

5. 制作会议宣传横幅两条，内容为“核电公众参与座谈会”；

6. 会议全程录像、拍照合影；

7. 会议车辆一辆大巴车，一辆考斯特。

四、会议主持

县重大能源项目负责人

五、参会人员

县领导，县专班、县发改局、市生态环境局分局、项目负责人，市县“两代表一委员”代表，离退休老干部、教师、医生代表，周边乡镇村干部、乡贤代表。

六、会议议程

1. 与会代表参观科普馆（50 分钟）

2. 主持人宣布座谈会开始，介绍座谈会背景、会议议

程、参会人员；（5 分钟）

3. 播放视频《走向核电强国的中国密码》；（14 分钟）

4. 项目相关部门负责人介绍项目情况；（5 分钟）

5. 专家进行核电知识讲座；（30 分钟）

6. 与会人员与专家交流；（10 分钟）

7. 县领导讲话；（5 分钟）

8. 发放调查问卷；（5 分钟）

9. 主持人会议总结。（3 分钟）

七、编写会议纪要

项目建设单位在座谈会结束后 5 个工作日内，根据现场会议记录整理编制会议纪要结论，如实记载不同意见，并存档备查。会议纪要提交县专班审核，审核完成后通过县人民政府网站向社会公开座谈会纪要。

附件十　项目公众沟通、环评公参及社稳评估工作方案

项目即将进入信息公开阶段，为保障公众沟通、环评公参及稳评工作的有序推进，按照“资源统筹、一体推进、同类合并、项目制运作”原则，确保顺利完成《社稳评估报告》《公众沟通工作总结》《环评公参说明》三报告、舆情可控、社会稳定，为上报两评报告和项目核准创造条件，制定该工作方案。

一、组织机构及职责

（一）领导小组

工作职责：全面组织项目公众沟通、环评公参及社稳评估工作，并提供资源保障；讨论决策重大事项；组织与各级政府部门的协调沟通；密切联系省市县政法、公安、网信等部门，开展舆情应对与维稳处置。

注：工作人员驻点办公点，工作人员驻点县专班，工作人员驻点现场。

（二）综合协调组

工作职责：负责协助组织市县动员会，协调领导参会，准备讲话稿，组织人员参会；编制动员会方案；组织公司内部动员会、公众座谈会；负责摄录像；专家接待；组织召开领导小组每日协调会；负责提供车辆及各项物资保障；组建内部维稳力量，配合地方维稳需要，协助维稳处置；与县市专班内部协调。

（三）舆情组

工作职责：组织网络评论员队伍，开展舆情监测、引导、应对；联系协调省市县政法、公安、网信等部门；联系集团公司、中国核电协助舆情应对和维稳处置；组织派遣人员赴抖音、腾讯等开展舆情处置；统一舆情口径。

（四）专家组

工作职责：负责根据工作需要在规定时间内对公众所

提出的问题进行分析、解答，为回答公众问题提供技术支持；根据县重大能源项目专班办公室工作需要提供支持保障；负责环评公参公示期间专家答疑；确定信息公开公示联系人2名，24小时负责电话、邮箱问题收集及问题统一口径解答，口径库外的问题收集后汇报组长，待确定答复口径后反馈民众。

（五）专业工作组

工作职责：按照国家法规开展公众沟通、环评公参和稳评工作；《公众沟通工作方案》上报，获得批准；稳评报告备案和上报；编制上报《公众沟通工作总结》；编制上报《环评公参说明》；协调各专业小组工作；邀请两位专家到县动员会讲课；每日召开碰头会，协调当日问题；及时向领导小组汇报工作进展、存在问题和提出工作建议。

（1）公共宣传小组

工作职责：组织宣传员队伍，向各级干部、民众进行核电科普宣传和项目情况介绍，重点组织公众赴核电基地（秦山、三门）考察，通过微科普馆开展核电科普，开展核电科普讲座。做好疫情防控、科普宣传品发放、科普讲解、协助接送考察人员、随车同行保障等工作。

随车同行保障人员：具体名单及排班以工作小组所排班次为准，具体实施制定项目公众考察方案和项目公众考察执行手册。

（2）公众参与小组

工作职责：配合专班进行问卷调查；提前 10 个工作日组织座谈会报名，召开公众座谈会，整理座谈会纪要；提请市人民代表大会常务委员会审议同意建设项目。

（3）信息公开小组

1）开展第一次环评信息公示。2）开展第二次环评信息公示（网站、布告、报纸）(10 个工作日)，对接修改完善环境影响报告书，编写环境影响评价公众参与说明。3）负责公众座谈会报名（会议召开 10 个工作日前向社会公告，5 个工作日前进行通知）和座谈会纪要公示。4）开展第三次环评信息公示。5）依据《核电项目公众沟通工作指南》在市政府网站公告 15 个工作日，在中国核电网站长期公开项目建设进展情况。

具体实施见《项目公众参与实施方案》。

（4）稳评小组

主要包括：1）市县两级部门，县街道，乡镇人员走访；2）调研座谈会、问卷调查；3）编制分析报告；4）评估报告编制和意见征询；5）评审会论证；6）评审结果备案与上报。

二、工作机制

（一）领导小组每日召开协调会，讨论重大事项，检查工作进展情况，集中协调解决制约工作进度的关键问题。会议召开前，由综合协调组负责会议材料收集编制、会议记录、会议申请的工作。

（二）舆情小组每日联系市县网信办，联合开展舆情信息监测和舆情应对；每日进行维稳人员情况统计，做到需要时有人可用。

（三）专家组每日开展民众问题回答、收集工作，优化公众问题口径库；每日查看项目公共沟通专用邮箱，进行专业回复。

（四）工作期间，不允许穿工作服。

三、工作计划

动员大会实际召开时间以地方政府批准召开时间为准。

附件十一　工作依据表

公众沟通工作依据
1.《中华人民共和国环境保护法》（2014 年 4 月 24 日修订）
2.《中华人民共和国信息公开条例》（2019 年 04 月 15 日发布）
3.《中华人民共和国民用核设施安全监督管理条例》（HAF001-1986）
4.《环境保护部（国家核安全局）核与辐射安全公众沟通工作方案》
5.《核电项目公众沟通工作指南》（试行）
环评公众参与工作依据
1.《中华人民共和国环境保护法》（2014 年 4 月 24 日修订）
2.《中华人民共和国环境影响评价法》（2018 年 12 月 29 日修正）
3.《环境影响评价公众参与办法》（2018 年 7 月 16 日公布）
4.《核电项目公众沟通工作指南》（试行）

社会稳定风险分析、评估工作依据
1.《国家发展改革委重大固定资产投资项目社会稳定风险分析篇章和评估报告编制大纲》(发改办投资〔2013〕428号)
2.《国家发改委重大固定资产投资项目社会稳定风险评估暂行办法》(发改投资〔2012〕2492号)
3.《核电站项目核准(核报国务院)办事指南》
4.《中华人民共和国核安全法》(2017年9月1日通过)
5.《中华人民共和国环境保护法》(2014年4月24日修订)
6.《中华人民共和国海洋环境保护法》(2017年11月4日修正)
7.《中华人民共和国环境影响评价法》(2018年12月29日修正)
8.《中华人民共和国节约能源法》(2018年10月26日修正)
9.《中华人民共和国安全生产法》(2021年6月10日修正)
10.《中华人民共和国水污染防治法》(2017年6月27日修正)

11.《中华人民共和国大气污染防治法》（2018年10月26日修正）
12.《中华人民共和国放射性污染防治法》（2003年6月28日通过）
13.《中华人民共和国固体废物污染环境防治法》（2020年4月29日修订）
14.《中华人民共和国环境噪声污染防治法》（2018年12月29日修正）
15.《中华人民共和国清洁生产促进法》（2012年2月29日修正）
16.《中华人民共和国职业病防治法》（2018年12月29日修正）
17.《中华人民共和国水法》（2016年7月2日修订）
18.《中华人民共和国防洪法》（2016年7月2日修正）
19.《中华人民共和国防治海岸工程建设项目污染损害海洋环境管理条例》（2018年3月19日修订）
20.《中华人民共和国民用核设施安全监督管理条例》（HAF001-1986）

21.《中华人民共和国核材料管制条例》（HAF501-1987）
22.《放射性废物安全管理条例》（2011 年 12 月 20 日公布）
23.《民用核安全设备监督管理条例》（2007 年 7 月 11 日发布）
24.《核电厂厂址选择安全规定》（HAF101-1991）
25.《核动力厂设计安全规定》（HAF102-2016）
26.《核动力厂运行安全规定》（HAF103-2004）
27.《中华人民共和国核材料管制条例实施细则》（HAF501/01-1990）